尚锦手工刺绣线钩编系列

钩针编织
恐龙世界

▼△▼△▼△▼△▼△▼

日本 E&G 创意 / 编著
蒋幼幼 / 译

中国纺织出版社有限公司

目录 Contents

🦴 恐龙科普部分的阅读方法

❶**恐龙的名称** 属名，下方标注了英文学名及其含义。
❷**食性** 标注肉食性或植食性、鱼食性。

🐾 肉食性　🌿 草食性　🐟 鱼食性

❸**地质时期指示条** 标注了恐龙生活的时期。

❶霸王龙
Tyrannosaurus 🐾 肉食性 ❷

学名释义 ▶ 意为"暴君蜥蜴"
全长 ▶ 约13m
特征 ▶ 最大的肉食恐龙。
拥有立体视觉的眼睛
和巨大的头骨。

❸ 生活时期　三叠纪　侏罗纪　白垩纪

② 2

Pteranodon
无齿翼龙
➤ p.21, p.57

Dimorphodon
双型齿翼龙
➤ p.20, p.56

Brachiosaurus
腕龙
➤ p.17, p.50

Agustinia
奥古斯丁龙
➤ p.15, p.48

Diplodocus
梁龙
➤ p.16, p.48

Oviraptor
窃蛋龙
➤ p.18, p.29, p.52

Archaeopteryx
始祖鸟
➤ p.19, p.54

Plesiosaurus
蛇颈龙
➤ p.22, p.58

Mosasaurus
沧龙
➤ p.23, p.59

🌱 **恐龙生活的 3 个时期** 从恐龙诞生的三叠纪到大灭绝的白垩纪，整个时期叫作中生代。

约 2 亿 5190 万年前	约 1 亿 9960 万年前	约 1 亿 4500 万年前	约 6600 万年前	
三叠纪	侏罗纪	白垩纪		至今
恐龙诞生的时期	恐龙体形逐渐增大并统治陆地的时期	恐龙进入繁荣、走向灭绝的时期	哺乳动物的时期	

霸王龙

Tyrannosaurus 🦕 肉食性

学名释义 ▶意为"暴君蜥蜴"
全长 ▶约13m
特征 ▶最大的肉食恐龙。
拥有立体视觉的眼睛
和巨大的头骨。

生活时期	三叠纪	侏罗纪	白垩纪

设计 & 制作 … 河合真弓
制作方法 … p.30
重点教程 … p.27

4

棘龙

Spinosaurus 肉食性

学名释义▶意为"有棘的蜥蜴"

全长▶约18m

特征▶长着像鳄鱼一样的头骨、长长的颈部、突起的扇形背棘。

生活时期	三叠纪	侏罗纪	白垩纪

设计 & 制作 ⋯ 小野优子（ucono）
制作方法 ⋯p.32
重点教程 ⋯p.26

角鼻龙

Ceratosaurus 肉食性

学名释义 ▶意为"有角的蜥蜴"
全长 ▶约6m
特征 ▶鼻子上长有大角，
两眼上方长有小角，
背部有一排小棘突。

生活时期	三叠纪	侏罗纪	白垩纪

设计 & 制作 … 小野优子（ucono）
制作方法 …p.34

6

福井盗龙

Fukuiraptor 🦖 肉食性

学名释义 ▶意为"福井（日本地名）的
盗贼"
全长 ▶约4.2m
特征 ▶日本首次复原全身骨骼的肉食
恐龙。前肢长有巨大的钩爪。

生活时期	三叠纪	侏罗纪	白垩纪

a

b

设计 ⋯ 冈本启子
制作 ⋯ tink 工作室
制作方法 ⋯p.60
重点教程 ⋯p.28

⑦

副栉龙

Parasaurolophus 🔵 草食性

学名释义 ▶ 意为"近似栉龙的蜥蜴"

全长 ▶ 约11m

特征 ▶ 长长的头冠向后延伸。
头冠的长度可达1米以上。

生活时期	三叠纪	侏罗纪	白垩纪

设计 … 冈本启子
制作 … 池田知美
制作方法 … p.36

禽龙

Iguanodon　🌿 草食性

学名释义 ▶ 意为"鬣蜥的牙齿"

全长 ▶ 约10m

特征 ▶ 前肢长有钉状拇指。
据说它们就是用前肢的指爪
摘取植物进食

生活时期	三叠纪	侏罗纪	白垩纪

设计 … 冈本启子
制作 … 池田知美
制作方法 … p.36

肿头龙

Pachycephalosaurus 🔘 草食性

学名释义 ▶意为"厚头蜥蜴"
全长 ▶约 4.5m
特征 ▶长有非常坚实的头骨。
头顶骨骼的厚度可达 20cm 以上。

| 生活时期 | 三叠纪 | 侏罗纪 | 白垩纪 |

设计 & 制作 … 镰田惠美子
制作方法 … p.38

甲龙

Ankylosaurus 草食性

学名释义 ▶ 意为"僵硬的蜥蜴"

全长 ▶ 约11m

特征 ▶ 全身覆盖被称为皮内成骨的
骨质铠甲。颈部与肩部长有尖角，
尾巴上还有大大的尾锤。

生活时期	三叠纪	侏罗纪	白垩纪

设计 & 制作… 镰田惠美子

制作方法… p.40

三角龙

Triceratops 　草食性

学名释义 ▶ 意为"有三只角的脸"
全长 ▶ 8~9m
特征 ▶ 存活到白垩纪末期的最大的
角龙。长有三只角、强而有力的下
颚、坚硬的颈盾。

生活时期	三叠纪	侏罗纪	白垩纪

设计 & 制作 … 河合真弓
制作方法 …p.42

戟龙

Styracosaurus 🐾 草食性

学名释义▶意为"有尖刺的蜥蜴"
全长▶约5.5m
特征▶鼻子和头盾周围分别有1个和6个长角。据推测，硕大的头盾有威慑敌人和吸引雌性的作用。

生活时期	三叠纪	侏罗纪	白垩纪

设计 & 制作 … 小野优子（ucono）
制作方法 … p.44

剑龙

Stegosaurus 🦴 草食性

学名释义 ▶ 意为"带屋顶的蜥蜴"
全长 ▶ 约 7~9m
特征 ▶ 最大的剑龙类恐龙。
背上近似五边形的骨板交错排列。

生活时期	三叠纪	侏罗纪	白垩纪

设计 & 制作 … 池上舞
制作方法 … p.46

14

奥古斯丁龙

Agustinia 🌿 草食性

学名释义 ▶意为"奥古斯丁"
（发现者的名字）

全长 ▶约 15m

特征 ▶背上有 2 排条状的
长棘。

生活时期	三叠纪	侏罗纪	白垩纪

设计 & 制作 … 池上舞
制作方法 …p.48

梁龙

Diplodocus 🦕 草食性

学名释义▶意为"有双梁的蜥蜴"
全长▶ 20~35m
特征▶有非常长的脖子、
近乎全身 1/2 长的尾鞭。
头部却很小。

生活时期	三叠纪	侏罗纪	白垩纪

设计 & 制作 ··· 池上舞
制作方法 ···p.48

腕龙

Brachiosaurus 🐾 草食性

学名释义 ▶ 意为"长臂蜥蜴"
全长 ▶ 约25m
特征 ▶ 脖子非常长，
前肢比后肢更长。
头顶呈丘状隆起。

生活时期	三叠纪	侏罗纪	白垩纪

设计 & 制作⋯池上舞
制作方法⋯p.50

窃蛋龙

Oviraptor 草食性

学名释义▶意为"偷蛋的贼"
全长▶约2m
特征▶头上长着圆形头冠。
据说会像鸟类一样孵蛋。

生活时期	三叠纪	侏罗纪	白垩纪

设计 & 制作 ⋯ 冈真理子
制作方法 ⋯p.52
重点教程 ⋯p.29

始祖鸟

Archaeopteryx 🥚 肉食性

学名释义▶意为"古老的翅膀"
全长▶约0.5m
特征▶口中长有小而尖锐的牙齿。
指尖有钩爪，还有长长的尾巴。

生活时期	三叠纪	侏罗纪	白垩纪

设计 & 制作 … 冈真理子
制作方法 … p.54

19

双型齿翼龙

Dimorphodon 🐟 鱼食性

学名释义 ▶ 意为 "2 种类型的牙齿"

全长 ▶ 约 1.4m

特征 ▶ 有 4 颗长长的门齿，
还有棒状长尾。
前端和后端的牙齿形状不同。

生活时期	三叠纪	侏罗纪	白垩纪

设计 … 冈本启子
制作 … 芽久 (megu)
制作方法 … p.56

无齿翼龙

Pteranodon 🐟 鱼食性

学名释义 ▶ 意为"有翅膀，没有牙齿"
全长 ▶ 7~9m
特征 ▶ 最有名的大型翼龙。
有喙状颚和狭长的头冠。

生活时期	三叠纪	侏罗纪	白垩纪

设计 … 冈本启子
制作 … 芽久（Megu）
制作方法 … 第57页

蛇颈龙

Plesiosaurus 🐟鱼食性

学名释义▶意为"近似蜥蜴"
全长▶约5m
特征▶细长的脖子、圆润的身体、
短小的尾巴。
长有很大的鳍状肢和尖锐的牙齿。

生活时期	三叠纪	侏罗纪	白垩纪

设计 & 制作 … 镰田惠美子
制作方法 … p.58

22

沧龙

Mosasaurus 🐟 鱼食性

学名释义 ▶ 意为"默兹河（欧洲河流名称）的蜥蜴"

全长 ▶ 12~18m

特征 ▶ 拥有巨大的身躯和强壮的颚部。捕食大型海洋生物，是史上最强的海洋爬行动物。

生活时期	三叠纪	侏罗纪	白垩纪

设计 & 制作 ··· 镰田惠美子
制作方法 ···p.59

本书使用线材和眼睛配件的介绍

奥林巴斯制线株式会社

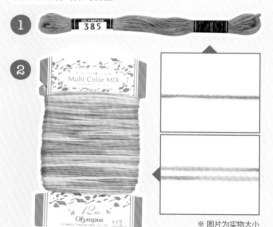

① 25 号刺绣线 / 纯色　棉 100%　1 支 8m　全 420 色
② 25 号刺绣线　多色混染 / 棉 100%　1 卷 12m　全 12 色

◆ ①、②自左往右均表示为：材质→线长→颜色数。
◆ 颜色数为截至 2021 年 5 月的数据。
◆ 因为印刷的关系，可能存在些许色差。

和麻纳卡株式会社

眼睛配件
（2 个 1 组 / 带垫圈）
直径 4.5mm　全 6 色

※ 图片为实物大小

其他辅材

PP 填充颗粒 /
塑料颗粒。塞
入不能自行站
立的作品可以
保持重心。

基础教程　Basic Lesson （全书作品通用的基础教程）

※ 为了便于理解，此处使用不同颜色的线进行说明。

[刺绣线的使用方法]

1　色号

拉出线头。用手捏住左端的线圈慢慢
地拉出线头，这样不易打结，可以很
顺利地拉出来。标签上标有色号，方
便补线时核对，用完之前请不要取下
标签。

2

刺绣线是由 6 股细线合股而成。

3

本书作品除指定以外均使用步骤
2 的 6 股线直接钩织。

[分股线的制作方法]

分股就是用缝针的针头等工具将合捻
的 1 根线（6 股）分成 2~3 股，常用
于细节部位的处理。剪下 30cm 左
右的线，退捻后比较容易分股。

[刺绣线的合股方法]

根据作品需要，将合捻的 1 根线剪下
1~2m 左右，按分股线的相同要领分
别分成 3 股。准备好 2 种颜色的分股
线，再将 2 种颜色的 3 根分股线合成
6 股线钩织。

[最后一行的组合方法]

1

钩至最后一行后，塞入填充棉，将钩
织终点的线头穿入缝针，在最后一行
针脚的内侧半针里挑针。

2

在全部针脚里挑针后的状态。接着拉
紧线头。

3

用力拉紧后，将线头穿入织物内部，
做好线头处理。

※ 此处以短针为例进行说明。短针以外的情况也按相同要领，夹住配色线钩织指定的针法。

[配色花样的钩织方法 (横向渡线的钩织方法)]

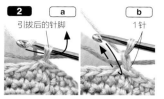

引拔后的针脚 1针

钩完换色前一行最后的短针后，在第1针里插入钩针，将配色线挂在上面，如箭头所示一次性引拔。

夹住配色线的状态下在针头挂线，如a的箭头所示引拔。b是包住配色线钩完立起的1针锁针后的状态。接着，如箭头所示一边包住配色线，一边用底色线钩织短针至换色的前一针。

◆ 配色线的换线方法

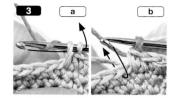

钩至换色的前一针后，用底色线钩织未完成的短针（参照 p.62），用配色线引拔。短针以外的情况，钩织未完成的指定针法后引拔（b）。

如步骤3中b的箭头所示，一边包住底色线一边用配色线钩织短针。按步骤3相同要领，用底色线引拔。就像这样继续钩织配色花样。

[卷针缝]

◆ 行与行的缝合

对齐织片，在右侧边针（短针的针脚）里插入缝针，接着在左侧边针（短针的针脚）里挑针。缝合起点与终点要在同一个地方挑2次针固定。

按与步骤1相同要领，依次在右侧、左侧的边针（短针的针脚）里挑针逐行缝合，注意不要拉得太紧。

缝合几行后的状态。注意不要拉得太紧。

◆ 针与行的缝合

对齐织片，在最后一行针脚的头部和每行的边针（短针的针脚）里交替挑针。缝合起点与终点要在同一个地方挑2次针固定。

[在针脚里挑针钩织的方法 (短针的情况)]

拉出后的线圈

缝合几次后的状态。

如箭头所示在短针的针脚里挑针，钩织短针。

这是插入钩针时的状态。在针头挂线后，如箭头所示拉出。

拉出线圈后的状态。针头再次挂线，钩织短针。重复以上操作。短针以外的情况也一样，如步骤1的箭头所示挑针，钩织指定的针法。

[从行上挑针钩织的方法 (引拔针的情况)]

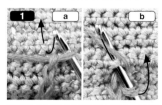

如箭头所示从短针的行上挑针，钩织引拔针。b是插入钩针时的状态。在针头挂线后，如箭头所示拉出。

引拔后的状态。按此要领继续从行上挑针钩织。引拔针以外的情况也一样，如步骤1中a的箭头所示挑针，钩织指定的针法。

[包住铁丝钩织的方法 (锁针起针后包住铁丝钩织的方法)]

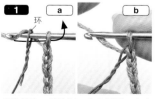

环

将铁丝的一端拧出一个小圆环，大小以插入针头为宜。锁针起针后，在铁丝拧出的小圆环中插入钩针，挂线后引拔（a），接着钩织立起的锁针（b）。

如a的箭头所示在锁针的里山挑针，包住铁丝钩织短针（b）。重复此操作，包住铁丝继续钩织。

25

前肢和后肢的脚趾的制作方法

※ 此处以窃蛋龙的后肢为例进行说明。铁丝的骨架形状和绕线的顺序因作品而异，具体请参照编织图中脚趾的制作方法。

[在铁丝上绕线的方法]

◆ 用铁丝制作脚趾骨架

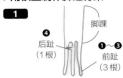

```
    ④
        脚踝
后趾
(1根)        ①~③
            前趾
            (3根)
```

根据指定要求弯曲铁丝塑形。
※ 脚趾指的是脚的前端部分。

◆ 在前趾（①~③）上绕线

将线头与脚踝侧并在一起，从脚踝与前趾相连的根部开始绕线。

◆ 在后趾（④）上绕线

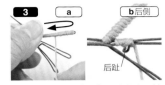

绕至趾尖后，再往回绕一次（**a**）。按此要领在每根前趾上绕线。前趾上连着后趾的情况，避开后趾继续在前趾上绕线（**b**）。

在前趾与后趾相连的根部呈十字绕线固定，接着在后趾上绕线。回到前趾上时，也呈十字绕线后再继续往回绕线。

◆ 在前趾上一起绕线

在每根前趾上绕线后，再并在一起绕线。从脚踝与前趾相连的根部开始绕线，避开后趾（a）绕至前趾的指定位置，再往回绕线。根部绕得自然平滑一些（b）。

◆ 脚趾完成

绕至指定位置（a）。用钳子弯曲趾尖等部位塑形，然后整体涂上稀释2倍的胶水（b）。

[在骨架上包裹腿部织片的方法]

用腿部织片包住脚趾的骨架。

一边塞入填充棉，一边将腿部织片做卷针缝合。弯曲腿部塑形，完成。

重点教程 Point Lesson （具体作品的制作方法重点教程）

▌棘龙 图片…p.5 制作方法…p.32

[背棘的钩织方法]

◆ 横向渡线、包住2根线钩织的方法

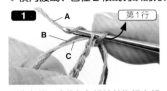

用底色线 **A**（蓝色）起针并钩织立起的锁针。将配色线 **B**（绿色）和 **C**（黄色）与起针并在一起，在锁针的里山挑针，包住配色线 **B** 和 **C**，钩2针短针。

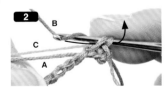

第2针钩织未完成的短针（参照p.62），换成下一针的配色线 **B** 引拔。

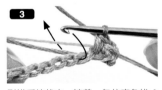

引拔后的状态。接着，包住底色线 **A** 和配色线 **C**，用配色线 **B** 在锁针的里山挑针，钩3针短针。

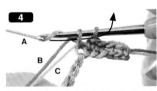

第3针钩织未完成的短针，换成底色线 **A** 如箭头所示引拔。接着，包住配色线 **B** 和 **C**，用底色线 **A** 钩2针短针。

第2针钩织未完成的短针，换成配色线 **C** 如箭头所示引拔。

接着，包住底色线 **A** 和配色线 **B**，用配色线 **C** 钩4针短针。图片是第1行完成后的状态。

◆ 钩织下一行

用配色线 **C** 钩织起立针。将底色线 **A** 和配色线 **B** 从前一行拉上来，包住这2根线在前一行的外侧半针里挑针钩织短针。

按前一行相同要领，参照编织图包住2根线钩织短针的棱针的配色花样至第25行。图片是第2行完成后的状态。第26行在织片的周围钩织短针。

※ 为了便于理解，此处使用不同颜色的线进行说明。

[主体的组合方法]

◆ 钩织尾巴

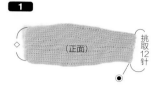

钩织腹部后，准备尾巴的线，在●位置插入钩针。参照编织图，在边针里挑针钩12针短针。

钩完12针后，在最初的短针里引拔，连接成环形（**a**）。参照编织图继续钩织尾巴。**b**是尾巴完成后的状态。

◆ 钩织背部

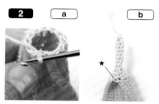

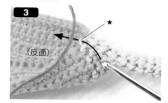

背部的钩织起点，在尾巴第1行的第1针与第12针之间（★位置）插入钩针，将线拉出。

接着，在★位置钩织立起的锁针和1针短针（**a**）。参照编织图继续钩织背部，一直钩至脸部。**b**是钩至脸部后的状态。

◆ 钩织下颚和嘴巴内层

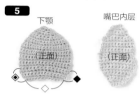

参照编织图，钩织下颚和嘴巴内层。

◆ 缝合腹部与背部

从尾侧开始缝合腹部与背部（编织图的◎、●位置）。在腹部的针脚头部与背部的边针里交替挑针缝合。

将腹部的边针（步骤**1**中的◇位置）对齐背部的前40行，一边缩拢腹部一边用珠针固定，然后做卷针缝合。

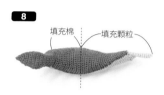

另一侧的背部与腹部也用相同方法，一边缩拢腹部一边做卷针缝合。在尾巴到下腹之间塞入填充颗粒，在下腹到背部的前40行之间塞入填充棉。

◆ 缝合下颚

参照编织图，将下颚与脸部正面朝外对齐◆位置，卷针缝合4行。

接着缝合腹部与下颚的◇部分。缝合时，下颚是在针脚头部挑针，腹部是在边针里挑针。接着，将步骤**9**另一侧下颚与脸部的◇位置缝合4行（**b**）。

◆ 在下颚与腹部做斜针缝

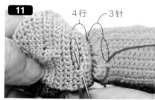

参照编织图，将腹部与下颚的斜针缝（下颚的第4行与腹部的第3针）并拢交替挑针，仅在圆圈内的中心部分将下颚与腹部缝在一起。

下颚与腹部缝合后的状态。

◆ 在下颚做斜针缝

将下颚的边缘向外侧翻折0.5cm做斜针缝。b是边缘做斜针缝后的状态。

◆ 缝合嘴巴内层

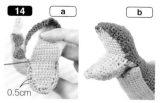

一边塞入填充棉，一边将嘴巴内层缝在下颚和脸部周围。下颚是在步骤**13**中翻折后的折痕往内0.5cm处挑针，与嘴巴内层的边针缝合。**b**是嘴巴内层缝合后的状态。

◆ 缝上舌头

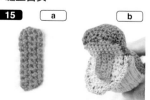

接着钩织舌头（**a**），参照编织图沿折线正面朝外翻折，缝成舌头的样子。再将舌头缝在嘴巴内层的指定位置。

主体的各部分组合完成。参照组合方法，完成其余部分的组合。

[主体的组合方法]

◆ 组合背部

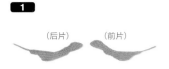

1

钩织 2 片背部。

（后片）（前片）

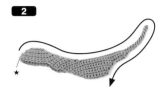

2

前、后片分别正面朝上重叠，参照编织图的背部缝合位置，从★位置按箭头所示顺序缝合。图片是缝合后的状态。

◆ 组合背部与腹部

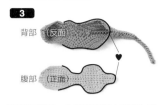

3

背部（反面）

腹部（正面）

钩织腹部后，参照编织图中背部与腹部的缝合位置（图片上的粗线部分），将背部与腹部正面朝外重叠临时固定。按箭头所示顺序缝合。

4 a b

将♥的臀部左右对称地缝合。

5

（反面）

背部与腹部缝合后的状态。

6

塞入填充棉

在尾巴到颈部之间塞入填充棉。

◆ 钩织下排牙齿

7

上颚

下颚

接着要从●位置开始朝箭头所示方向钩出下排牙齿。

8 嘴巴内层 第1行

（正面）

钩织嘴巴内层，然后与上、下颚正面朝外重叠临时固定。在●位置插入钩针，在下颚与嘴巴内层的边针 2 层针脚里一起挑针钩织。

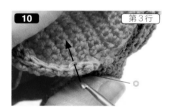

9

（正面）

参照编织图中下排牙齿的挑针位置往返钩织 2 行牙床。图片是牙床部分完成后的状态。

10 第3行

如箭头所示在◎位置的外侧半针里插入钩针，参照编织图钩织牙齿。

11

钩完 1 颗牙齿后的状态。每次在外侧半针里挑针，用相同方法钩织牙齿。

◆ 钩织上排牙齿

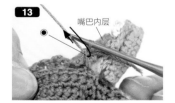

12

下排牙齿完成。接着要从●位置开始朝箭头所示方向钩出上排牙齿。

13 嘴巴内层

与步骤 **8** 一样，在上颚与嘴巴内层的边针 2 层针脚里一起挑针钩织。图片是钩完立起的锁针后的状态。

14

接着钩 1 针短针。参照编织图中上排牙齿的挑针位置，按下排牙齿相同要领钩织上排牙齿。

15

上排牙齿完成后的状态。

16

主体部分组合完成。参照组合方法，完成其余部分的组合。

窃蛋龙 图片 …p.18　制作方法 …p.52

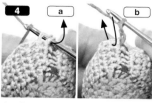

[主体的组合方法]

◆ 组合腹部与背部

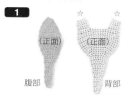

1

腹部

背部

钩织腹部和背部。

2

将步骤 **1** 背部的☆部分正面朝外对齐，在针脚头部挑针做卷针缝合。图片是卷针缝合后的状态。

3

接着将步骤 **2** 的粗线部分与腹部织片正面朝外对齐，缝合四周。图片是缝合后的状态。

◆ 钩织颈部

4　a　b

在颈部的钩织起点位置插入钩针（**a**），参照编织图在颈部的洞口挑取17针，钩出颈部。

5　a　b

脸部

下颚

颈部完成后，接着钩织头部（绿色部分）。**a** 是钩至头部后的状态。接着分别从颈部和头部挑针，钩出脸部和下颚（**b**）。

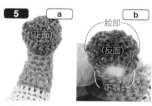

◆ 钩织下颚

6

在下颚的钩织起点位置插入钩针，钩织下颚。钩完立起的锁针（**a**）后，在箭头所示的2针里插入钩针，钩织短针2针并1针（**b**）。

7

参照编织图，往返钩织4行。图片是下颚完成后的状态。

◆ 钩织脸部

8

在脸部的钩织起点位置插入钩针，钩织脸部。参照编织图，往返钩织5行。

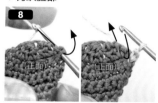

◆ 钩织喙部

9

脸部和下颚完成后，在周围挑针钩织喙部。参照编织图，在喙部的钩织起点位置接线，按箭头所示顺序钩织1行。

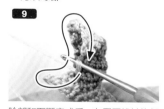

10

喙部完成后的状态。

11

除嘴巴内层以外的身体部分组合完成。接着钩织嘴巴内层，缝在喙部的内侧，完成主体的组合。

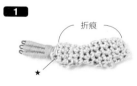

[前肢羽毛的钩织方法]

※ 此处以左前肢为例说明钩织方法。

1

折痕

钩织前肢，在铁丝上绕线制作脚趾。将前肢织片沿折线正面朝外对折，折痕朝上夹住脚趾的铁丝。

2

折痕

在步骤 **1** ★部分的2层针脚里一起插入钩针（**a**），钩出羽毛（**b**）。

3

参照编织图，一边塞入少量填充棉，一边在2层针脚里一起挑针钩织羽毛。

4

羽毛的第1行完成后的状态。接着钩织羽毛的第2、3行。

5

羽毛完成。弯曲里面的铁丝和脚趾塑形，前肢就完成了。用相同方法制作另一个前肢。

线 奥林巴斯25号刺绣线　蓝紫色系(614)…5支,茶色系(739)…4支,茶色系(737)…2.5支,土黄色系(514)…2支,红褐色系(165)、橘黄色系(758)…各1支,红褐色系(166)…0.5支,本白色系(850)…少量

其他材料 和麻纳卡眼睛配件4.5mm／棕色(H220-104-2)…1组,纸包花艺铁丝#30／绿色…16cm、22cm×各2根,PP填充颗粒、填充棉、胶水…各适量

针 蕾丝针0号　**成品尺寸** 参照图示

※**主体的组合方法请参照p.27**

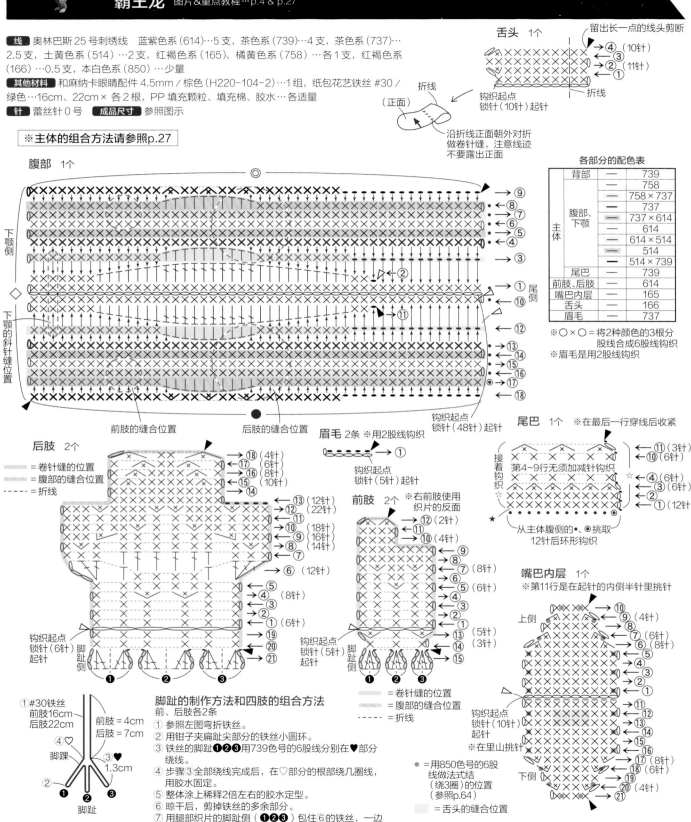

各部分的配色表

主体	背部	—	739
			758
		—	758×737
	腹部、下颚	—	737
			737×614
		—	614×514
			514
		—	514×739
	尾巴	—	739
	前肢、后肢	—	614
	嘴巴内层	—	165
	舌头	—	166
	眉毛	—	737

※○×○=将2种颜色的3根分股线合成6股线钩织
※眉毛是用2股线钩织

腹部　1个

舌头　1个

尾巴　1个　※在最后一行穿线后收紧

后肢　2个

眉毛　2条　※用2股线钩织

前肢　2个　※右前肢使用织片的反面

嘴巴内层　1个
※第11行是在起针的内侧半针里挑针

脚趾的制作方法和四肢的组合方法
前、后肢各2条
① 参照左图弯折铁丝。
② 用钳子夹扁趾尖部分的铁丝小圆环。
③ 铁丝的脚趾❶❷❸用739号的6股线分别在♥部分绕线。
④ 步骤③全部绕线完成后,在♡部分的根部绕几圈线,用胶水固定。
⑤ 整体涂上稀释2倍左右的胶水定型。
⑥ 晾干后,剪掉铁丝的多余部分。
⑦ 用腿部织片的脚趾侧(❶❷❸)包住⑥的铁丝,一边塞入填充棉,一边卷针缝合腿部和脚趾的▬▬部分。

●=用850色号的6股线做法式结(绕3圈)的位置(参照p.64)
▨=舌头的缝合位置

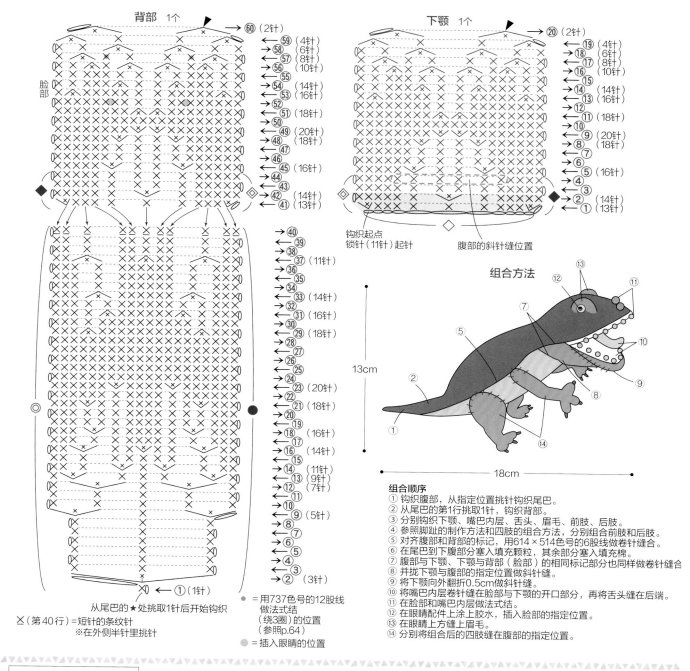

背部 1个

→⑥⑩（2针）

→⑤⑨（4针）
→⑤⑧（6针）
←⑤⑦（8针）
←⑤⑥（10针）
→⑤⑤
→⑤④（14针）
←⑤③（16针）
→⑤②
←⑤①（18针）
→⑤⓪
→④⑨（20针）
←④⑧（18针）
→④⑦
←④⑥
→④⑤（16针）
←④④
←④③
→④②（14针）
←④①（13针）

脸部

→④⓪
←③⑨
→③⑧
←③⑦（11针）
→③⑥
→③⑤
←③④
←③③（14针）
→③②
→③①（16针）
→③⓪
→②⑨（18针）
←②⑧
→②⑦
←②⑥
→②⑤
←②④（20针）
←②③
→②②（18针）
←②①
→②⓪
←⑲
→⑱（16针）
←⑰
→⑯（14针）
←⑮
→⑭
←⑬（11针）
→⑫（9针）
→⑪（7针）
←⑩
→⑨（5针）
←⑧
←⑦
→⑥
←⑤
→④
←③
→②（3针）

←①（1针）

从尾巴的★处挑取1针后开始钩织

╳（第40行）= 短针的条纹针
※在外侧半针里挑针

● = 用737色号的12股线
做法式结
（绕3圈）的位置
（参照p.64）

● = 插入眼睛的位置

下颚 1个

→⑳（2针）

←⑲（4针）
→⑱（6针）
→⑰（8针）
→⑯（10针）
→⑮
→⑭（14针）
→⑬（16针）
→⑫
←⑪（18针）
→⑩
→⑨（20针）
→⑧（18针）
→⑦
←⑥
→⑤（16针）
←④
→③
←②（14针）
←①（13针）

钩织起点
锁针（11针）起针

腹部的斜针缝位置

组合方法

13cm

18cm

组合顺序
① 钩织腹部，从指定位置挑针钩织尾巴。
② 从尾巴的第1行挑取1针，钩织背部。
③ 分别钩织下颚、嘴巴内层、舌头、眉毛、前肢、后肢。
④ 参照脚趾的制作方法和四肢的组合方法，分别组合前肢和后肢。
⑤ 对齐腹部和背部的标记，用614×514色号的6股线做卷针缝合。
⑥ 在尾巴到下腹部分塞入填充颗粒，其余部分塞入填充棉。
⑦ 腹部与下颚、下颚与背部（脸部）的相同标记部分也同样做卷针缝合。
⑧ 并拢下颚与腹部的指定位置做斜针缝。
⑨ 将下颚向外翻折0.5cm做斜针缝。
⑩ 将嘴巴内层卷针缝在脸部与下颚的开口部分，再将舌头缝在后端。
⑪ 在脸部和嘴巴内层做法式结。
⑫ 在眼睛配件上涂上胶水，插入脸部的指定位置。
⑬ 在眼睛上方缝上眉毛。
⑭ 分别将组合后的四肢缝在腹部的指定位置。

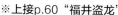

※上接p.60"福井盗龙"

组合方法

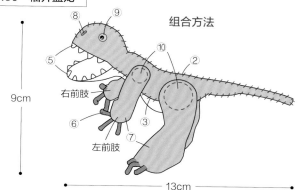

右前肢

左前肢

9cm

13cm

组合顺序
① 分别钩织腹部、背部、嘴巴内层、前肢、后肢。
② 对齐2片背部，卷针缝合 ▦ 部分。
③ 分别将腹部和背部的 ▦ 部分做卷针缝合。
④ 在主体里塞入填充棉。
⑤ 将主体的上、下颚与嘴巴内层重叠着挑针，钩织牙齿。
⑥ 弯曲铁丝，绕上414色号的线制作脚趾。
⑦ 参照其他图示，分别组合四肢。
⑧ 在主体的鼻子部位用414色号的线做3次直线绣（参照p.64）。
⑨ 在眼睛配件上涂上胶水，插入主体的指定位置。
⑩ 将组合好的四肢缝在背部的指定位置。

线 奥林巴斯 25 号刺绣线 蓝色系(354)…8 支，蓝色系(316)…4 支，米色系(731)…3 支，橘黄色系(524)…0.5 支

其他材料 和麻纳卡眼睛配件 4.5mm／透明蓝色(H220-104-18)…1 组，纸包花艺铁丝 #26／绿色…21cm×1根，填充棉、胶水…各适量

针 蕾丝针 0 号 **成品尺寸** 参照图示

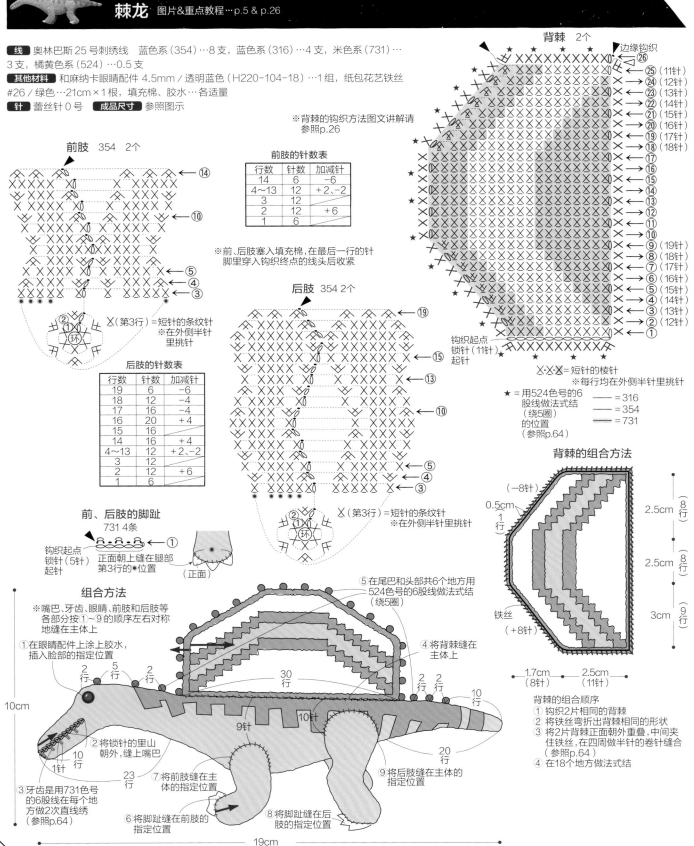

背棘 2个

※背棘的钩织方法图文讲解请参照p.26

前肢 354 2个

前肢的针数表

行数	针数	加减针
14	6	−6
4~13	12	+2、−2
3	12	
2	12	+6
1	6	

※前、后肢塞入填充棉，在最后一行的针脚里穿入钩织终点的线头后收紧

后肢 354 2个

后肢的针数表

行数	针数	加减针
19	6	−6
18	12	−4
17	16	−4
16	20	+4
15	16	
14	16	+4
4~13	12	+2、−2
3	12	
2	12	+6
1	6	

X(第3行)=短针的条纹针 ※在外侧半针里挑针

钩织起点 锁针(11针) 起针

X·X·X = 短针的棱针 ※每行均在外侧半针里挑针

★ = 用524色号的6股线做法式结(绕5圈)的位置(参照p.64)

— = 316
— = 354
— = 731

前、后肢的脚趾 731 4条

钩织起点 锁针(5针)起针 正面朝上缝在腿部第3行的●位置 (正面)

背棘的组合方法

(−8针) 0.5cm 1行 2.5cm(8行) 2.5cm(8行) 3cm(9行)

铁丝 (+8针)

1.7cm(8针) 2.5cm(11针)

背棘的组合顺序
① 钩织2片相同的背棘
② 将铁丝弯折出背棘相同的形状
③ 将2片背棘正面朝外重叠，中间夹住铁丝，在四周做半针的卷针缝合(参照p.64)
④ 在18个地方做法式结

组合方法
※嘴巴、牙齿、眼睛、前肢和后肢等各部分按①~⑨的顺序左右对称地缝在主体上

① 在眼睛配件上涂上胶水，插入脸部的指定位置
② 将锁针的里山朝外，缝上嘴巴
③ 牙齿是用731色号的6股线在每个地方做2次直线绣(参照p.64)
④ 将背棘缝在主体上
⑤ 在尾巴和头部共6个地方用524色号的6股线做法式结(绕5圈)
⑥ 将脚趾缝在前肢的指定位置
⑦ 将前肢缝在主体的指定位置
⑧ 将脚趾缝在后肢的指定位置
⑨ 将后肢缝在主体的指定位置

19cm

10cm

主体　1个
※在最后一行的针脚里穿入钩织终点的线头后收紧

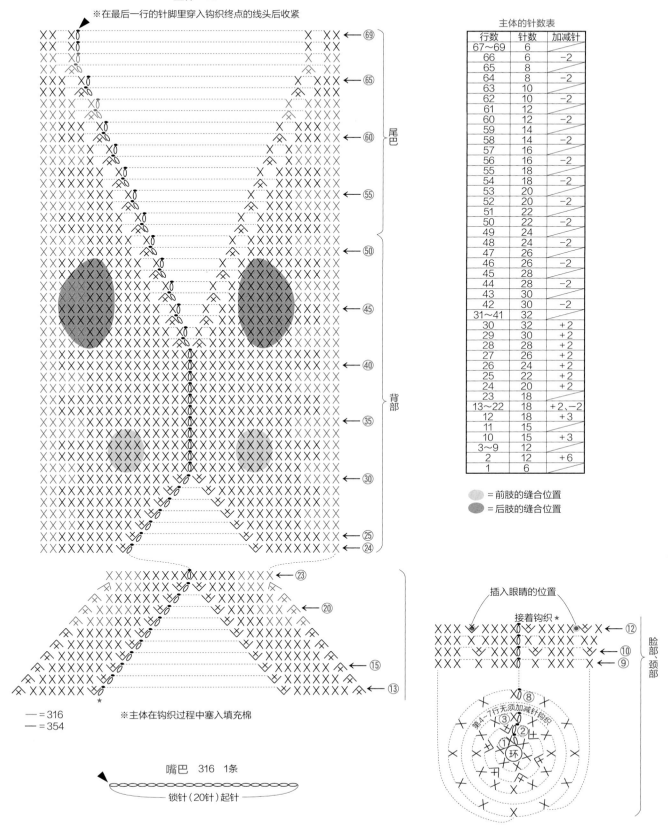

主体的针数表

行数	针数	加减针
67～69	6	
66	6	-2
65	8	
64	8	-2
63	10	
62	10	-2
61	12	
60	12	-2
59	14	
58	14	-2
57	16	
56	16	-2
55	18	
54	18	-2
53	20	
52	20	-2
51	22	
50	22	-2
49	24	
48	24	-2
47	26	
46	26	-2
45	28	
44	28	-2
43	30	
42	30	-2
31～41	32	
30	32	+2
29	30	+2
28	28	+2
27	26	+2
26	24	+2
25	22	+2
24	20	+2
23	18	
13～22	18	+2、-2
12	18	+3
11	15	
10	15	+3
3～9	12	
2	12	+6
1	6	

●= 前肢的缝合位置
●= 后肢的缝合位置

尾巴
背部

插入眼睛的位置
接着钩织★

脸部、颈部

第4～7行无须加减针钩织

— =316
— =354

※主体在钩织过程中塞入填充棉

嘴巴　316　1条
锁针（20针）起针

线 奥林巴斯25号刺绣线 米色系(721)…5支，茶色系(739)、红色系(1053)…各2支，橘黄色系(175)、(182)…各1支

其他材料 和麻纳卡眼睛配件 4.5mm / 金色(H220-104-8)…1组，纸包花艺铁丝 #26 / 绿色…11cm、16cm 各2根，PP 填充颗粒、填充棉、胶水…各适量

针 蕾丝针0号 **成品尺寸** 参照图示

嘴巴 1053 1条

钩织起点
锁针(24针)起针　※在锁针的里山挑针

牙齿 721 1条

钩织起点
锁针(23针)起针　※在锁针的里山挑针

嘴巴与牙齿的组合方法

对齐起针做半针的卷针
缝合(参照p.64)

角A
721 1个

※在最后一行的针脚里穿入钩织终点的线头后收紧

角B
1053 2个

钩织起点
锁针(3针)起针

前肢 721 2个

前肢的针数表

行数	针数	加减针
7	6	-3
3~6	9	
2	9	+3
1	6	

后肢 2个

— = 721
— = 739

后肢的针数表

行数	针数	加减针
19	24	+12
17、18	12	+2、-2
15、16	12	
13、14	12	+2、-2
12	12	-6
5~11	18	
4	18	+6
3	12	+3
2	9	+3
1	6	

前肢脚趾的制作方法 2条

脚趾
★1cm
☆1.5cm

①参照左图弯折11cm的铁丝

②用721色号的6股线分别在脚趾❶❷❸❹的★部分绕线

③步骤②全部绕线完成后，接着在☆部分绕线，再涂上胶水固定

④整体涂上稀释2倍左右的胶水定型

前肢的组合方法

3.6cm

⑤塞入填充棉，插入④，在最后一行的针脚里穿入钩织终点的线头后收紧

⑥用剩下的线头缝合脚趾和腿部织片

后肢脚趾的制作方法 2条

脚趾
2cm
1cm 1cm
★
☆2.5cm

①参照左图弯折16cm的铁丝

②用721色号的6股线分别在❶❷❸的★部分绕线

③步骤②全部绕线完成后，接着在☆部分绕线，再涂上胶水固定

④整体涂上稀释2倍左右的胶水定型

⑤晾干后，将根部弯曲90°

后肢的组合方法

5.5cm
2cm

⑥塞入填充棉，然后插入⑤

⑦将脚底正面朝外对齐，一边避开夹在中间的脚趾，一边与后肢的最后一行做半针的卷针缝合(参照p.64)

脚底

组合方法

※左右对称地缝上嘴巴、牙齿、眼睛、角A、角B、前肢、后肢

④用721色号的6股线做2次直线绣

③缝上角A

②缝上角B

①在眼睛配件上涂上胶水，插入主体的指定位置

2行
14行
1行

⑤缝上组合好的嘴巴和牙齿

⑥将前肢缝在主体的指定位置

⑦将后肢缝在主体的指定位置

7.5cm

脚底
721 2个

13.5cm

※直线绣请参照p.64

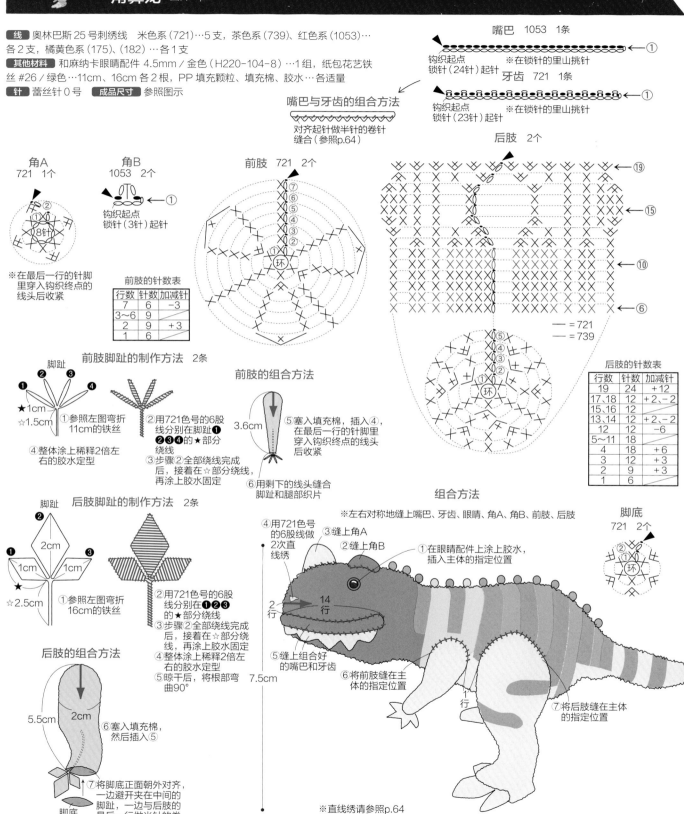

主体 1个

※在最后一行的针脚里穿入钩织终点的线头后收紧

（参照p.63）

钩织过程中塞入填充颗粒

尾侧

后肢的缝合位置

前肢的缝合位置

钩织过程中塞入填充棉

头侧

角B的缝合位置

插入眼睛的位置

嘴巴和牙齿的缝合位置

刺绣位置

背侧

主体的针数表

行数	针数	加减针
54	6	−2
53	8	
52	8	−4
45～51	12	
44	12	−6
40～43	18	
39	18	−6
38	24	−6
37	30	−6
36	36	−6
29～35	42	
28	42	+6
25～27	36	
24	36	+6
21～23	30	
20	30	+6
17～19	24	
16	24	−6
15	30	−6
13、14	36	
12	36	+6
9～11	30	
8	30	+6
7	24	
6	24	+6
4、5	18	
3	18	+6
2	12	+6
1	6	

主体的配色表

————	721
————	739
————	182
————	175
▬▬▬	1053

X = 3针锁针的狗牙针
（参照p.63）

线 奥林巴斯25号刺绣线（通用）

副栉龙 姜黄色系（583）…8支，橘黄色系（186）…1.6支，粉红色系（1027）…1支，奶油色系（7020）…0.5支，黄色系（581）、茶色系（737）…各少量

禽龙 黄绿色系（212）…8支，绿色系（216）、深绿色系（2014）…各1支，绿色系（214）、绿色系（218）、深绿色系（2016）…各少量

通用的其他材料 和麻纳卡眼睛配件4.5mm／浅棕色（H220-104-20）…各1组，0.45mm的铁丝…45cm，填充棉、胶水、双面胶…各适量

针（通用） 钩针2/0号（脚趾）、4/0号 **成品尺寸（通用）** 参照图示

※P＝副栉龙，I＝禽龙
※除指定以外均用4/0号针钩织

前肢、后肢的配色表

部件	配色	P	I
四肢、大腿根部①、②	——	583	212
脚掌	——	7020	2016
脚趾	——	7020	218

各部分的配色表

部件	配色	P	I
脸部、颈部、身体	——	1027	2014
	——	186	216
	——	583	212
下颚、上颚	——	186	214

※参照p.37"脸部、颈部塞入填充棉的方法"，在脸部和颈部塞入铁丝和填充棉

P、I 下颚、脸部、颈部 各1个

颈部

⑮（14针）
⑩
⑧（12针）
⑦（3针）
⑥（12针）
⑤（16针）

脸部

②（20针）
①（16针）

下颚

⑤
③
（8针）

※在下颚塞入少许填充棉，接着钩织脸部和颈部

钩织起点 锁针（3针）起针

● ＝插入眼睛的位置

P、I 前肢 各2片

⑭
⑬（8针）
⑫

第9~11行无须加减针钩织

⑧
⑦（10针）
⑤（9针）
③
②（11针）

①（6针）
脚掌

P、I 后肢 各2片

⑬
⑫（8针）
⑪

第7~10行无须加减针钩织

⑥
⑤（10针）
④（9针）
②（11针）

（6针）
脚掌

脚趾的挑针位置
● ＝右前肢钉状拇指的位置
● ＝左前肢钉状拇指的位置
● ＝脚趾的钩织起点位置
∧ ＝短针3针并1针（参照p.63）

P、I 上颚、头冠 ※上颚钩至第5行，头冠钩至第10行

⑩
⑥
⑤
③
P 头冠
P、I 上颚

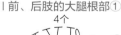
（8针）
②

钩织起点 锁针（3针）起针

P 前肢的脚趾 2/0号钩针 ※用3根分股线钩
I 前肢的脚趾 2/0号钩针 ※用3根分股线钩
P、I 后肢的脚趾 2/0号钩针 ※用3根分股线钩

P 前肢的大腿根部① 2个
②（12针）
①（8针）

P 后肢的大腿根部① 2个
③（12针）
②（12针）
①

I 前、后肢的大腿根部① 4个
③（15针）
②（16针）
①

P 前肢的大腿根部② 2个
⑤
②
①
折线
钩织起点 锁针（6针）起针

P、I 后肢的大腿根部② 各2个
⑤
②
①
钩织起点 锁针（7针）起针

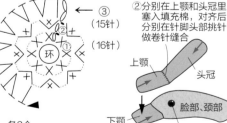

②分别在上颚和头冠里塞入填充棉，对齐后分别在脚趾头部挑针做卷针缝合

上颚
头冠
下颚
脸部、颈部

①在眼睛配件上涂上胶水，插入脸部的指定位置

上颚
②塞入少许填充棉
下颚
脸部、颈部

①在眼睛配件上涂上胶水，插入脸部的指定位置

P 上颚、下颚的组合方法
※P、I通用
参照p.37"脸部、颈部塞入填充棉的方法"，先在下颚、脸部、颈部塞入填充棉

③用相同的线将下颚、脸部与上颚、头冠的前2行缝合

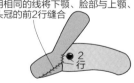
2行

I 上颚、下颚的组合方法

③用相同的线将上颚缝在下颚上

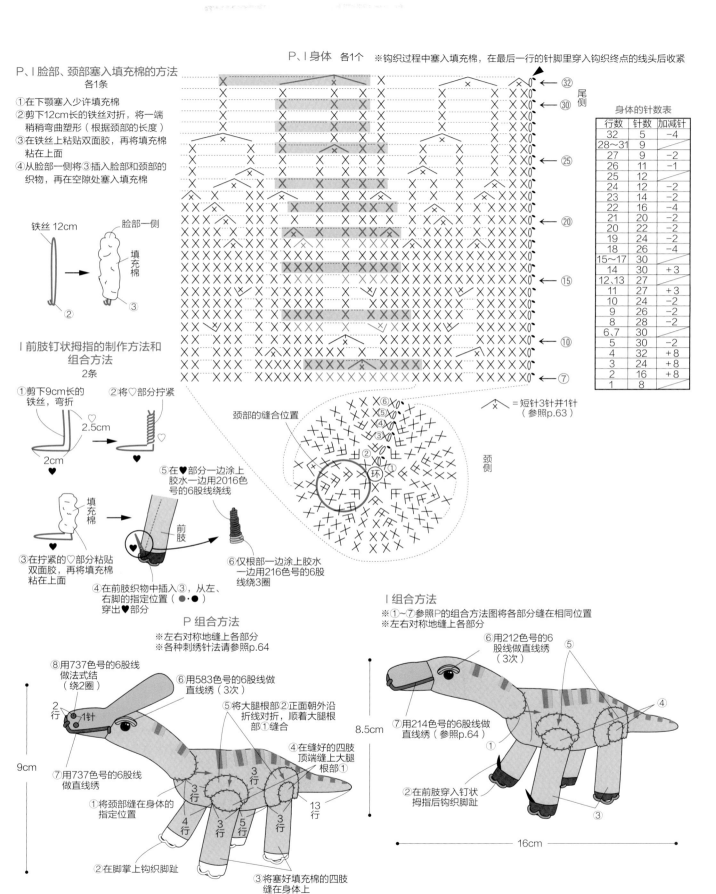

P、I脸部、颈部塞入填充棉的方法
各1条
①在下颚塞入少许填充棉
②剪下12cm长的铁丝对折，将一端稍稍弯曲塑形（根据颈部的长度）
③在铁丝上粘贴双面胶，再将填充棉粘在上面
④从脸部一侧将③插入脸部和颈部的织物，再在空隙处塞入填充棉

铁丝12cm
脸部一侧
填充棉
②
③

I 前肢钉状拇指的制作方法和组合方法
2条
①剪下9cm长的铁丝，弯折
2.5cm
2cm
②将♡部分拧紧
♡
♡
♥
③在拧紧的♡部分粘贴双面胶，再将填充棉粘在上面
填充棉
♥
④在前肢织物中插入③，从左、右脚的指定位置（●·●）穿出♥部分
前肢
♥
⑤在♥部分一边涂上胶水一边用2016色号的6股线绕线
⑥仅根部一边涂上胶水一边用216色号的6股线绕3圈

P、I 身体 各1个
※钩织过程中塞入填充棉，在最后一行的针脚里穿入钩织终点的线头后收紧

尾侧
← ㉜
← ㉚
← ㉕
← ⑳
← ⑮
← ⑩
← ⑦

⑥⑤④③②① 环
颈部的缝合位置
颈侧

⋀ = 短针3针并1针（参照p.63）

身体的针数表

行数	针数	加减针
32	5	-4
28~31	9	
27	9	-2
26	11	-1
25	12	
24	12	-2
23	14	-2
22	16	-4
21	20	-2
20	22	-2
19	24	-2
18	26	-4
15~17	30	
14	30	+3
12、13	27	
11	27	+3
10	24	-2
9	26	-2
8	28	-2
6、7	30	
5	30	-2
4	32	+8
3	24	+8
2	16	+8
1	8	

P 组合方法
※左右对称地缝上各部分
※各种刺绣针法请参照p.64
⑧用737色号的6股线做法式结（绕2圈）
2行
1针
⑦用737色号的6股线做直线绣
①将颈部缝在身体的指定位置
②在脚掌上钩织脚趾
⑥用583色号的6股线做直线绣（3次）
⑤将大腿根部②正面朝外沿折线对折，顺着大腿根部①缝合
④在缝好的四肢顶端缝上大腿根部①
3行
4行
3行
5行
3行
13行
③将塞好填充棉的四肢缝在身体上

9cm
16cm

I 组合方法
※①~⑦参照P的组合方法图将各部分缝在相同位置
※左右对称地缝上各部分
⑥用212色号的6股线做直线绣（3次）
⑤
④
①
⑦用214色号的6股线做直线绣（参照p.64）
②在前肢穿入钉状拇指后钩织脚趾
③
8.5cm
16cm

线 奥林巴斯25号刺绣线 橘黄色系(754)…4支,土黄色系(711)…1支,米色系(736)、茶色系(737)…各0.5支
其他材料 和麻纳卡眼睛配件4.5mm/透明棕色(H220-104-17)…1组,填充棉、胶水…各适量
针 蕾丝针0号 **成品尺寸** 参照图示

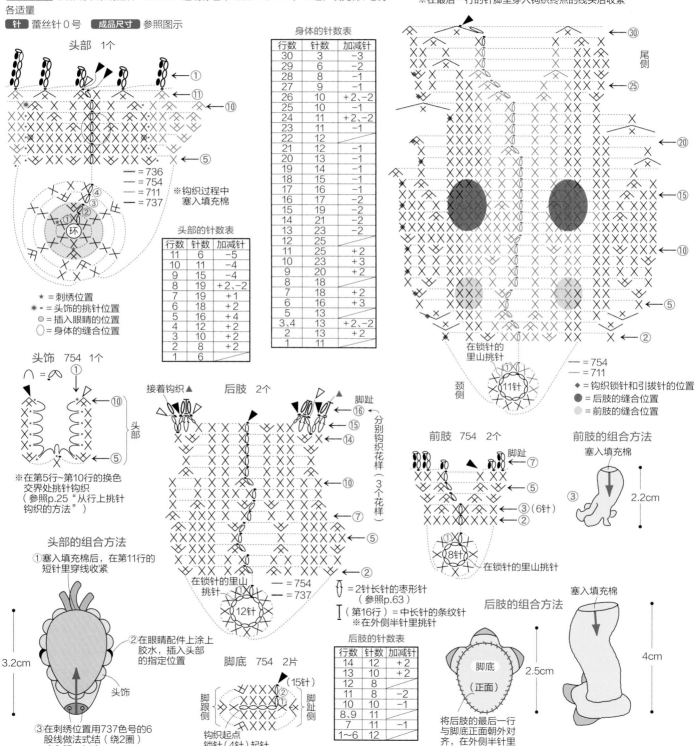

头部 1个

— = 736
— = 754
— = 711
— = 737

※钩织过程中塞入填充棉

★ = 刺绣位置
◉ · = 头饰的挑针位置
◎ = 插入眼睛的位置
◯ = 身体的缝合位置

头部的针数表

行数	针数	加减针
11	6	−5
10	11	−4
9	15	−4
8	19	+2、−2
7	19	+1
6	18	+2
5	16	+4
4	12	+2
3	10	+2
2	8	+2
1	6	

身体 1个

※钩织过程中塞入填充棉
※在最后一行的针脚里穿入钩织终点的线头后收紧

尾侧
颈侧

— = 754
— = 711

◆ = 钩织锁针和引拔针的位置
● = 后肢的缝合位置
○ = 前肢的缝合位置

在锁针的里山挑针
11针

身体的针数表

行数	针数	加减针
30	3	−3
29	6	−2
28	8	−1
27	9	−1
26	10	+2、−2
25	10	−1
24	11	+2、−2
23	11	−1
22	12	
21	12	−1
20	13	−1
19	14	−1
18	15	−1
17	16	−1
16	17	−2
15	19	−2
14	21	−2
13	23	−2
12	25	
11	25	+2
10	23	+3
9	20	+2
8	18	
7	18	+2
6	16	+3
5	13	
3、4	13	+2、−2
2	13	+2
1	11	

头饰 754 1个

⌒ = ⌒(图示)

头部

※在第5行~第10行的换色交界处挑针钩织
(参照p.25"从行上挑针钩织的方法")

头部的组合方法

①塞入填充棉后,在第11行的短针里穿线收紧
②在眼睛配件上涂上胶水,插入头部的指定位置
头饰
③在刺绣位置用737色号的6股线做法式结(绕2圈)(参照p.64)

3.2cm

后肢 2个

接着钩织▲

脚趾

分别钩织花样(3个花样)

在锁针的里山挑针
12针

— = 754
— = 737

◉ = 2针长针的枣形针(参照p.63)
Ｉ(第16行) = 中长针的条纹针
※在外侧半针里挑针

后肢的针数表

行数	针数	加减针
14	12	+2
13	10	+2
12	8	
11	8	−2
10	11	−1
8、9	11	
7	11	−1
1~6	12	

脚底 754 2片

脚跟侧 脚趾侧
15针
钩织起点 锁针(4针)起针

前肢 754 2个

脚趾
(6针)
在锁针的里山挑针
8针

前肢的组合方法

塞入填充棉
2.2cm
③

后肢的组合方法

塞入填充棉
脚底(正面)
2.5cm
4cm
将后肢的最后一行与脚底正面朝外对齐,在外侧半针里挑针做卷针缝合

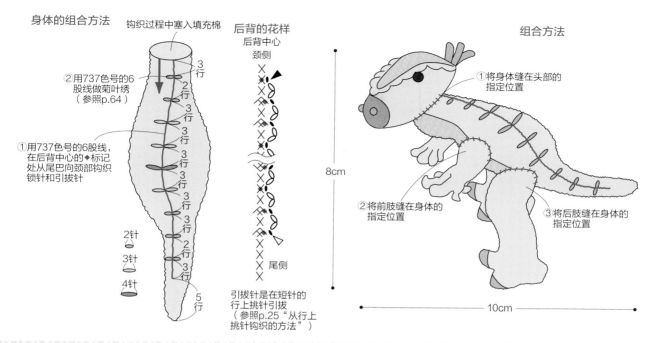

身体的组合方法

钩织过程中塞入填充棉

②用737色号的6股线做菊叶绣（参照p.64）

①用737色号的6股线，在后背中心的◆标记处从尾巴向颈部钩织锁针和引拔针

3行
2行
3行
3行
3行
3行
3行
3行
3行

2针
3针
4针

5行

后背的花样

后背中心
颈侧

尾侧

引拔针是在短针的行上挑针引拔（参照p.25"从行上挑针钩织的方法"）

组合方法

①将身体缝在头部的指定位置

②将前肢缝在身体的指定位置

③将后肢缝在身体的指定位置

8cm

10cm

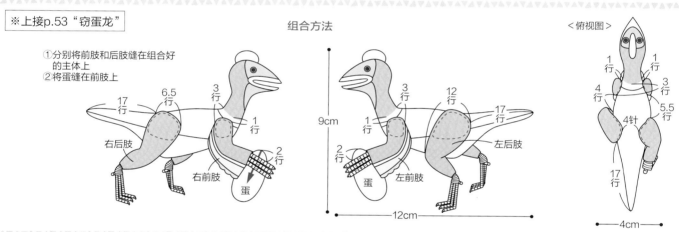

※上接p.53"窃蛋龙"

组合方法

①分别将前肢和后肢缝在组合好的主体上
②将蛋缝在前肢上

6.5行
3行
1行
17行
右后肢
右前肢
蛋
2行

3行
1行
12行
17行
左后肢
左前肢
蛋
2行

9cm
12cm

＜俯视图＞

1行
1行
3行
4行
5.5行
4针
17行

4cm

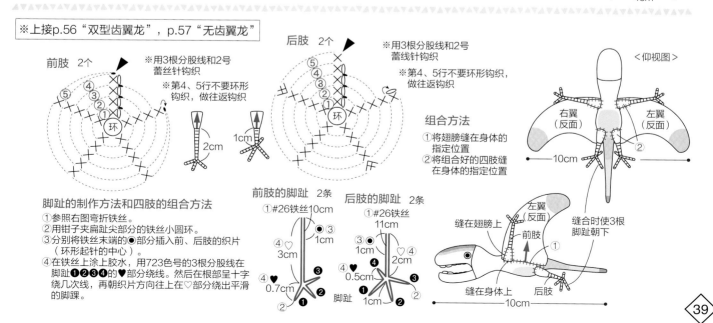

※上接p.56"双型齿翼龙"，p.57"无齿翼龙"

前肢 2个

※用3根分股线和2号蕾丝针钩织

※第4、5行不要环形钩织，做往返钩织

⑤④③②①
环

2cm
1cm

后肢 2个

※用3根分股线和2号蕾丝线针钩织

※第4、5行不要环形钩织，做往返钩织

⑤④③②①
环

脚趾的制作方法和四肢的组合方法

①参照右图弯折铁丝。
②用钳子夹扁趾尖部分的铁丝小圆环。
③分别将铁丝末端的●部分插入前、后肢的织片（环形起针的中心）。
④在铁丝上涂上胶水，用723色号的3根分股线在脚趾❶❷❸❹的♥部分绕线。然后在根部呈十字绕几次线，再朝织片方向往上在♡部分绕出平滑的脚踝。

前肢的脚趾 2条

①#26铁丝10cm
③1cm
④❤3cm
④❤0.7cm
脚趾
❶❷❸

后肢的脚趾 2条

①#26铁丝11cm
③●1cm
④❤2cm
④❤0.5cm
脚趾1cm
❶❷❸

组合方法

①将翅膀缝在身体的指定位置
②将组合好的四肢缝在身体的指定位置

＜仰视图＞

右翼（反面）
左翼（反面）
②
10cm

左翼（反面）
缝在翅膀上
前肢
①
缝合时使3根脚趾朝下

缝在身体上
后肢
10cm

线 奥林巴斯25号刺绣线 茶色系（563）、黄色系（581）…各2.5支，米色系（743）、（745）…各2支

其他材料 和麻纳卡眼睛配件 4.5mm／金色（H220-104-8）…1组，填充棉、胶水…各适量

针 蕾丝针0号 **成品尺寸** 参照图示

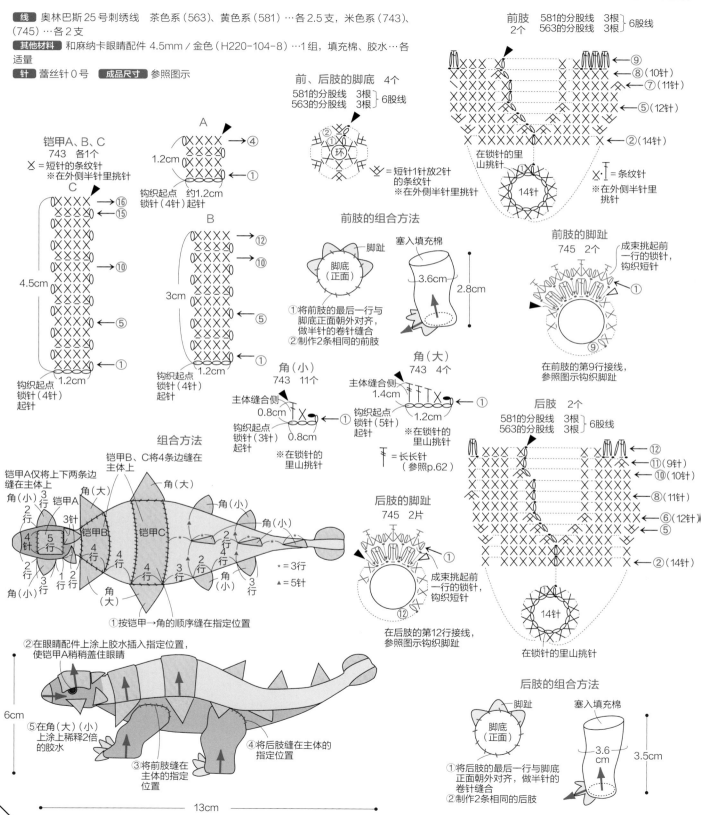

前、后肢的脚底 4个
581的分股线 3根
563的分股线 3根 ⎫6股线

铠甲A、B、C
743 各1个
X＝短针的条纹针
※在外侧半针里挑针

C

4.5cm

钩织起点
锁针（4针）
起针
1.2cm

A
1.2cm
→④
→①
钩织起点 约1.2cm
锁针（4针）起针

B
3cm
→⑫
→⑩
→⑤
→①
钩织起点
锁针（4针）
起针
1.2cm

∨＝短针1针放2针的条纹针
※在外侧半针里挑针

14针

前肢 581的分股线 3根
563的分股线 3根 ⎫6股线
2个
→⑨
→⑧（10针）
→⑦（11针）
→⑤（12针）
→②（14针）

在锁针的里山挑针
14针
X·|＝条纹针
※在外侧半针里挑针

前肢的组合方法
脚趾
脚底（正面）
塞入填充棉
3.6cm
2.8cm
①将前肢的最后一行与脚底正面朝外对齐，做半针的卷针缝合
②制作2条相同的前肢

前肢的脚趾
745 2个
成束挑起前一行的锁针，钩织短针
→①
→⑨
在前肢的第9行接线，参照图示钩织脚趾

角（小）
743 11个
主体缝合侧
0.8cm
0.8cm
→①
钩织起点
锁针（3针）起针
※在锁针的里山挑针

角（大）
743 4个
主体缝合侧
1.4cm
1.2cm
→①
钩织起点
锁针（5针）起针
※在锁针的里山挑针
T＝长长针（参照p.62）

后肢 2个
581的分股线 3根
563的分股线 3根 ⎫6股线
→⑫
→⑪（9针）
→⑩（10针）
→⑧（11针）
→⑥（12针）
→⑤
→②（14针）

后肢的脚趾
745 2片
成束挑起前一行的锁针，钩织短针
→①
→⑫
在后肢的第12行接线，参照图示钩织脚趾

14针
在锁针的里山挑针

组合方法
铠甲A仅将上下两条边缝在主体上
铠甲B、C将4条边缝在主体上
角（小）
铠甲A
角（大）
角（大）
角（小）
角（小）
铠甲B
铠甲C
角（小）
角（大）
5行
4针
4行
4行
4行
4行
3行
2行
2行
3行
2行
3行
1行
2行
3行
2行
3针
*＝3行
▲＝5针
①按铠甲→角的顺序缝在指定位置

②在眼睛配件上涂上胶水插入指定位置，使铠甲A稍稍盖住眼睛
⑤在角（大）（小）上涂上稀释2倍的胶水
③将前肢缝在主体的指定位置
④将后肢缝在主体的指定位置
6cm
13cm

后肢的组合方法
脚趾
脚底（正面）
塞入填充棉
3.6cm
3.5cm
①将后肢的最后一行与脚底正面朝外对齐，做半针的卷针缝合
②制作2条相同的后肢

主体 1个

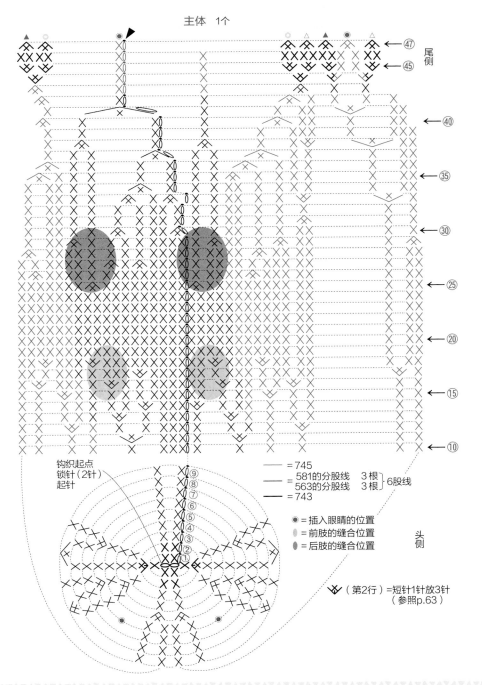

※上接p.59"沧龙"

※钩织过程中塞入填充棉
※分别对齐最后一行的标记●、○、▲、△，
在外侧半针里挑针做卷针缝合

←47 尾侧
←45

←40

←35

←30

←25

←20

←15

←10

钩织起点
锁针（2针）
起针

—— = 745
—— = 581的分股线 3根 } 6股线
　　　563的分股线 3根
—— = 743

●= 插入眼睛的位置
= 前肢的缝合位置
= 后肢的缝合位置

头侧

（第2行）=短针1针放3针
（参照p.63）

主体的针数表

行数	针数	加减针
47	8	-8
46	16	
45	16	+6
44	10	+4
43	6	-2
42	8	-2
41	10	+1、-1
40	10	-2
39	12	
38	12	+2、-2
37	12	-2
36	14	-2
35	16	-2
34	18	-1
33	19	+2、-2
32	19	
31	19	-1
30	20	-2
29	22	-4
28	26	-2
27	28	-2
26	30	-2
25	32	-2
19~24	34	
18	34	+4
17	30	+2
16	28	+4
15	24	+2
14	22	+2
13	20	+2
12	18	+2
11	16	+2
10	14	
9	14	-4
7、8	18	
6	18	+4
5	14	+2
4	12	+2
3	10	
2	10	+4
1	6	

组合方法

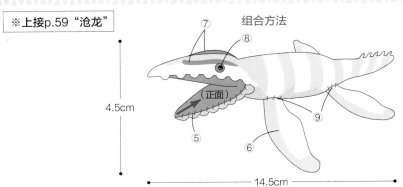

[正面]

4.5cm

14.5cm

组合顺序
①分别往返钩织主体的上颚、下颚。
②从颚部的钩织终点挑针，环形钩织身体和尾巴。
③钩织嘴巴内层。
④在主体里塞入填充棉。
⑤将嘴巴内层与主体的上、下颚正面朝外对齐做藏针缝，
　注意线迹不要露出正面。
⑥分别钩织前鳍、后鳍，塞入填充棉。
⑦在眼睛上方挑针钩织突起。
⑧在眼睛配件上涂上胶水，插入指定位置。
⑨将组合好的鳍状肢缝在主体的指定位置。

三角龙 图片…p.12

线 奥林巴斯25号刺绣线 多色混染／绿色×橘黄色系（M8）…4.5卷，
土黄色系（514）、茶色系（737）…各1支
其他材料 和麻纳卡眼睛配件 4.5mm／金色（H220-104-8）…1组，PP
填充颗粒、填充棉、胶水…各适量
针 蕾丝针0号　**成品尺寸** 参照图示

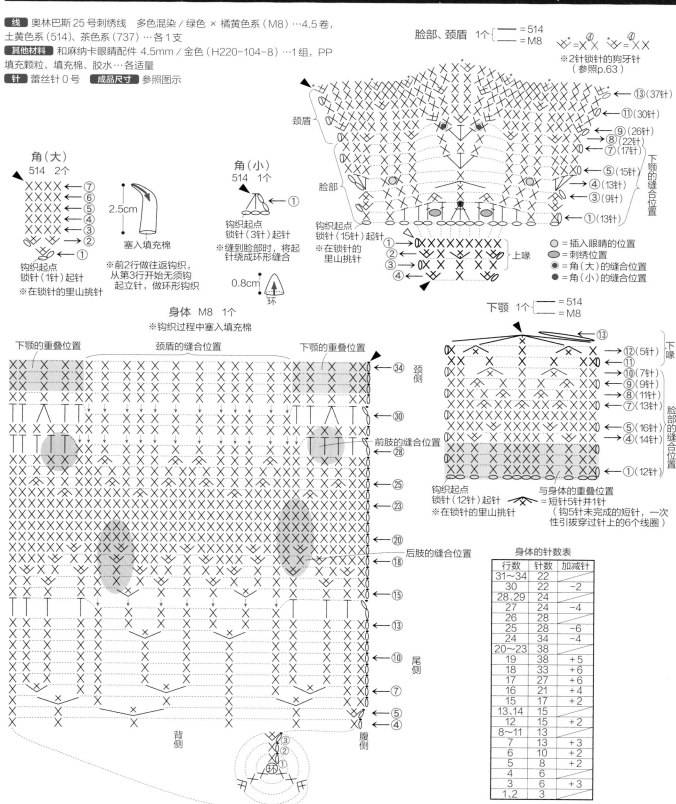

脸部、颈盾　1个 { —— = 514　　＝ M8 }

※2针锁针的狗牙针
（参照p.63）

角（大）
514　2个

角（小）
514　1个

钩织起点
锁针（1针）起针

※在锁针的里山挑针

2.5cm
塞入填充棉

钩织起点
锁针（3针）起针

※缝到脸部时，将起
针绕成环形缝合

0.8cm　环

※前2行做往返钩织，
从第3行开始无须钩
起立针，做环形钩织

颈盾

脸部

钩织起点
锁针（15针）起针

※在锁针的
里山挑针

上喙

⑬（37针）
⑪（30针）
⑨（26针）
⑧（22针）
⑦（17针）
⑤（15针）
④（13针）
③（9针）
①（13针）

下颚的缝合位置

○ = 插入眼睛的位置
● = 刺绣位置
● = 角（大）的缝合位置
● = 角（小）的缝合位置

身体　M8　1个
※钩织过程中塞入填充棉

下颚的重叠位置　　颈盾的缝合位置　　下颚的重叠位置

㉞ 颈侧
㉚
㉘ 前肢的缝合位置
㉕
㉓
⑳
⑱ 后肢的缝合位置
⑮
⑬
⑩ 尾侧
⑦
⑤
④

背侧　　腹侧

下颚　1个 { —— = 514　　＝ M8 }

⑬
⑫（5针）下喙
⑪
⑩（7针）
⑨（9针）
⑧（11针）
⑦（13针）
⑤（16针）脸部的缝合位置
④（14针）
①（12针）

钩织起点
锁针（12针）起针

※在锁针的里山挑针

与身体的重叠位置
⋎ = 短针5针并1针
（钩5针未完成的短针，一次
性引拔穿过针上的6个线圈）

身体的针数表

行数	针数	加减针
31～34	22	
30	22	−2
28、29	24	
27	24	−4
26	28	
25	28	−6
24	34	−4
20～23	38	
19	38	+5
18	33	+6
17	27	+6
16	21	+4
15	17	+2
13、14	15	
12	15	+2
8～11	13	
7	13	+3
6	10	+2
5	8	+2
4	6	
3	6	+3
1、2	3	

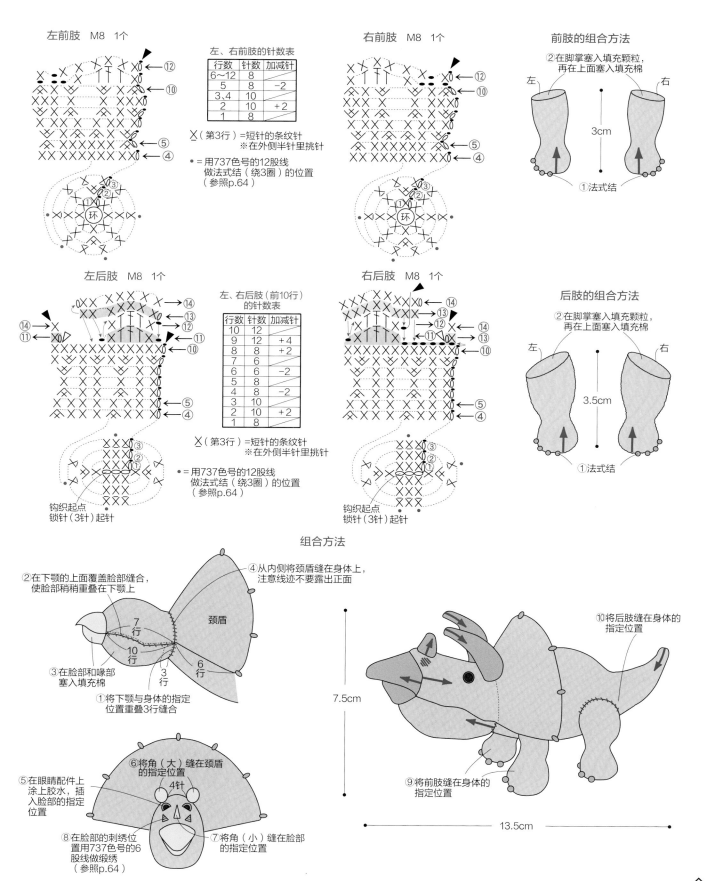

左前肢 M8 1个

左、右前肢的针数表

行数	针数	加减针
6~12	8	
5	8	-2
3、4	10	
2	10	+2
1	8	

X（第3行）=短针的条纹针
※在外侧半针里挑针

• =用737色号的12股线
做法式结（绕3圈）的位置
（参照p.64）

右前肢 M8 1个

前肢的组合方法

②在脚掌塞入填充颗粒，
再在上面塞入填充棉

左　右

3cm

①法式结

左后肢 M8 1个

左、右后肢（前10行）
的针数表

行数	针数	加减针
10	12	
9	12	+4
8	8	+2
7	6	
6	6	-2
5	8	
4	8	-2
3	10	
2	10	+2
1	8	

X（第3行）=短针的条纹针
※在外侧半针里挑针

• =用737色号的12股线
做法式结（绕3圈）的位置
（参照p.64）

钩织起点
锁针（3针）起针

右后肢 M8 1个

钩织起点
锁针（3针）起针

后肢的组合方法

②在脚掌塞入填充颗粒，
再在上面塞入填充棉

左　右

3.5cm

①法式结

组合方法

②在下颚的上面覆盖脸部缝合，
使脸部稍稍重叠在下颚上

④从内侧将颈盾缝在身体上，
注意线迹不要露出正面

颈盾

7行

10行

3行

6行

③在脸部和喙部
塞入填充棉

①将下颚与身体的指定
位置重叠3行缝合

⑤在眼睛配件上
涂上胶水，
插入脸部的指定
位置

⑥将角（大）缝在颈盾
的指定位置

4针

⑧在脸部的刺绣位
置用737色号的6
股线做做缎绣
（参照p.64）

⑦将角（小）缝在脸部
的指定位置

⑩将后肢缝在身体的
指定位置

7.5cm

⑨将前肢缝在身体的
指定位置

13.5cm

43

戟龙 图片…p.13

线 奥林巴斯25号刺绣线 淡绿色系（2051）、水蓝色系（2041）…各4支，姜黄色系（583）…1.5支，橘黄色系（186）、红色系（190）…各1支，茶色系（575）…0.5支

其他材料 和麻纳卡眼睛配件 4.5mm／棕色（H220-104-2）…1组，填充棉、胶水…各适量

针 蕾丝针0号 **成品尺寸** 参照图示

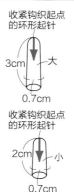

骨刺A（小）583 4个

收紧钩织起点的环形起针 3cm 大 0.7cm

收紧钩织起点的环形起针 2cm 小 0.7cm

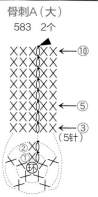

骨刺A（大）583 2个

骨刺B 583 1个

★ = 骨刺A（大）的缝合位置
☆ = 骨刺A（小）的缝合位置

钩织起点 锁针（24针）起针
※在锁针的里山挑针

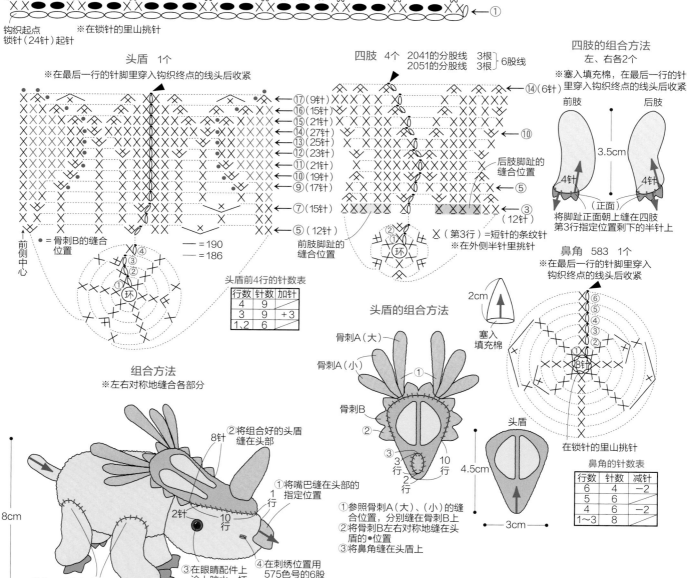

头盾 1个
※在最后一行的针脚里穿入钩织终点的线头后收紧

头盾行数：⑰（9针）⑯（15针）⑮（21针）⑭（27针）⑬（25针）⑫（23针）⑪（21针）⑩（19针）⑨（17针）⑦（15针）⑤（12针）

前侧中心

● = 骨刺B的缝合位置

— = 190
— = 186

头盾前4行的针数表

行数	针数	加针
4	9	
3	9	+3
1,2	6	

四肢 4个 2041的分股线 3根 / 2051的分股线 3根 }6股线

四肢行数：⑭（6针）⑩ ⑤ ③（12针）

X（第3行）=短针的条纹针 ※在外侧半针里挑针

后肢脚趾的缝合位置
前肢脚趾的缝合位置

四肢的组合方法 左、右各2个
※塞入填充棉，在最后一行的针脚里穿入钩织终点的线头后收紧

前肢 后肢
3.5cm
4针 4针
（正面）
将脚趾正面朝上缝在四肢第3行指定位置剩下的半针上

鼻角 583 1个
※在最后一行的针脚里穿入钩织终点的线头后收紧
2cm 塞入填充棉
⑥⑤④③②① 8针
在锁针的里山挑针

鼻角的针数表

行数	针数	减针
6	4	-2
5	6	
4	6	-2
1~3	8	

头盾的组合方法
骨刺A（大）
骨刺A（小）
骨刺B
① ② ③ 3行 10行 2行
头盾 4.5cm 3cm

①参照骨刺A（大）、（小）的缝合位置，分别缝在骨刺B上
②将骨刺B左右对称地缝在头盾的●位置
③将鼻角缝在头盾上

组合方法
※左右对称地缝合各部分

②将组合好的头盾缝在头部 8针
①将嘴巴缝在头部的指定位置 1行 10行
2针
④在刺绣位置用575色号的6股线做2次直线绣（参照p.64）
③在眼睛配件上涂上胶水，插入指定位置
⑤将四肢缝在身体的指定位置
8cm
11.8cm

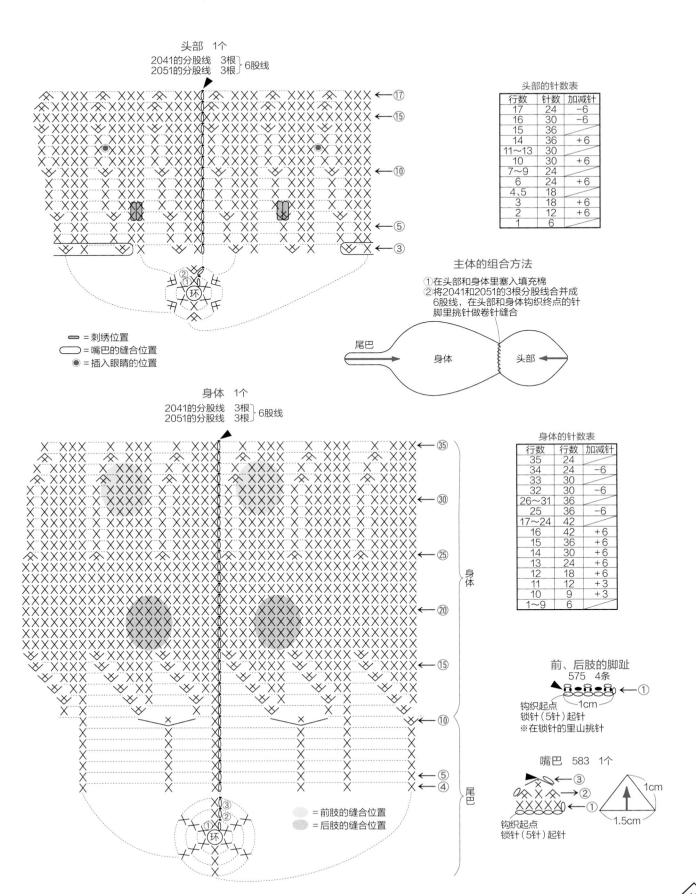

头部 1个
2041的分股线 3根
2051的分股线 3根 } 6股线

← ⑰
← ⑮
← ⑩
← ⑤
← ③

头部的针数表

行数	针数	加减针
17	24	-6
16	30	-6
15	36	
14	36	+6
11~13	30	
10	30	+6
7~9	24	
6	24	+6
4、5	18	
3	18	+6
2	12	+6
1	6	

② ①
环

= 刺绣位置
= 嘴巴的缝合位置
= 插入眼睛的位置

主体的组合方法

①在头部和身体里塞入填充棉
②将2041和2051的3根分股线合并成6股线，在头部和身体钩织终点的针脚里挑针做卷针缝合

尾巴　身体　头部

身体 1个
2041的分股线 3根
2051的分股线 3根 } 6股线

← ㉟
← ㉚
← ㉕
← ⑳
← ⑮
← ⑩
← ⑤
← ④

身体

身体的针数表

行数	行数	加减针
35	24	
34	24	-6
33	30	
32	30	-6
26~31	36	
25	36	-6
17~24	42	
16	42	+6
15	36	+6
14	30	+6
13	24	+6
12	18	+6
11	12	+3
10	9	+3
1~9	6	

前、后肢的脚趾
575 4条
← ①
1cm
钩织起点
锁针（5针）起针
※在锁针的里山挑针

嘴巴 583 1个
← ③
← ②
← ①
1cm
1.5cm
钩织起点
锁针（5针）起针

③ ② ①
环

尾巴

= 前肢的缝合位置
= 后肢的缝合位置

线 奥林巴斯25号刺绣线 黄绿色系（274）…4支，紫色系（625）…1.5支，
深绿色系（235）、绿色系（245）、奶油色系（7020）…各1支

其他材料 和麻纳卡眼睛配件 4.5mm／浅棕色（H220-104-20）…1组，PP 填
充颗粒、填充棉、胶水…各适量

针 蕾丝针0号 **成品尺寸** 参照图示

※钩织过程中塞入填充棉，
在最后一行穿入钩织终点的线头后收紧

主体 1个

主体的针数表

行数	针数	加减针
49	6	
48	6	−2
47	8	
46	8	−2
45	10	
44	10	−2
43	12	
42	12	−2
41	14	
40	14	−4
39	18	−4
38	22	
37	22	−2
36	24	−3
35	27	−2
34	29	
33	29	−3
32	32	−2
31	34	−2
26～30	36	
25	36	+2
24	34	+3
23	31	+2
22	29	
21	29	+4
20	25	+2
19	23	+2
18	21	+1
17	20	+2
16	18	+2
15	16	+4
10～14	12	
9	12	−2
7、8	14	
6	14	+2
5	12	+2
4	10	
3	10	+2
2	8	+2
1	6	

尾巴（12行）
身体（23行）
头部（14行）

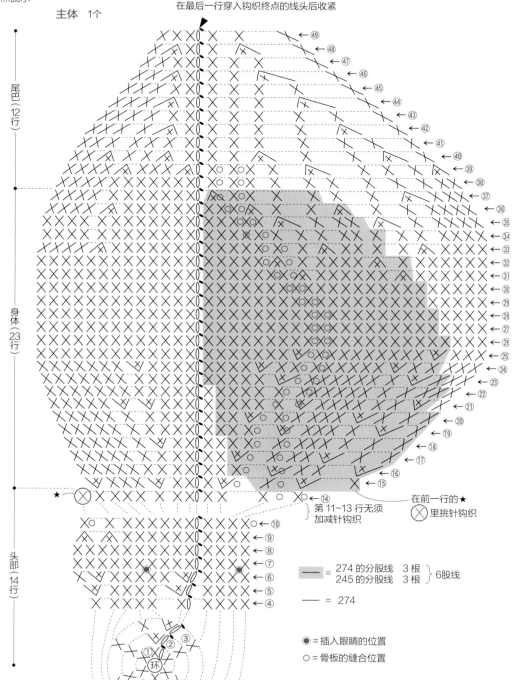

第 11～13 行无须
加减针钩织

在前一行的★
⊗里挑针钩织

━━ = 274 的分股线 3根
━━ = 245 的分股线 3根 ⎫6股线

── = 274

● =插入眼睛的位置

○ =骨板的缝合位置

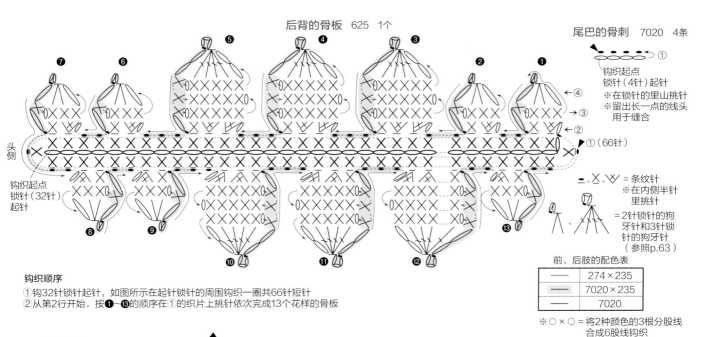

后背的骨板　625　1个

尾巴的骨刺　7020　4条

钩织起点
锁针（4针）起针
※在锁针的里山挑针
※留出长一点的线头
用于缝合

头侧

钩织起点
锁针（32针）
起针

①（66针）

←④
→③
←②

＝、×、Ｗ　＝条纹针
※在内侧半针
里挑针

＝2针锁针的狗
牙针和3针锁
针的狗牙针
（参照p.63）

钩织顺序
①钩32针锁针起针，如图所示在起针锁针的周围钩织一圈共66针短针
②从第2行开始，按❶～⓭的顺序在①的织片上挑针依次完成13个花样的骨板

前、后肢的配色表

—	274×235
—	7020×235
—	7020

※ ○×○ ＝将2种颜色的3根分股线
合成6股线钩织

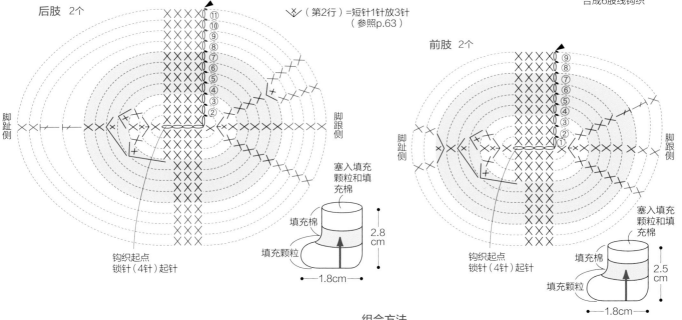

后肢　2个

Ｗ（第2行）=短针1针放3针
（参照p.63）

脚趾侧

脚跟侧

钩织起点
锁针（4针）起针

塞入填充
颗粒和填
充棉

填充棉

填充颗粒

2.8 cm

←1.8cm→

前肢　2个

脚趾侧

脚跟侧

塞入填充
颗粒和填
充棉

填充棉

填充颗粒

2.5 cm

←1.8cm→

后肢的针数表

行数	针数	加减针
8～11	12	
7	12	+1
6	11	
5	11	−1
4	12	−2
3	14	
2	14	+4
1	10	

前肢的针数表

行数	针数	加减针
8、9	12	
7	12	+1
6	11	
5	11	−1
4	12	−2
3	14	
2	14	+4
1	10	

组合方法

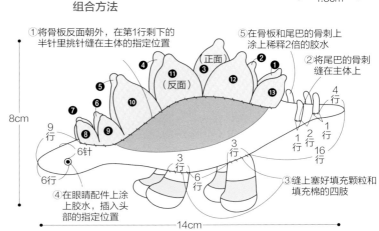

①将骨板反面朝外，在第1行剩下的
半针里挑针缝在主体的指定位置

⑤在骨板和尾巴的骨刺上
涂上稀释2倍的胶水

②将尾巴的骨刺
缝在主体上

正面

（反面）

8cm

14cm

9行
6针
6行

③缝上塞好填充颗粒和
填充棉的四肢

④在眼睛配件上涂
上胶水，插入头
部的指定位置

4行
1行
2行
16行
3行
3行
6行

[线] 奥林巴斯 25 号刺绣线（通用）
[奥古斯丁龙] 米色系（721）···5 支，深绿色系（235）···1.5 支，蓝色系（306）、米色系（735）···各 1 支
[梁龙] 绿色系（2022）···6.5 支，黄色系（227）···2.5 支，深绿色系（2016）···1 支
[奥古斯丁龙的其他材料] 和麻纳卡眼睛配件 4.5mm / 浅棕色（H220-104-20）···1组、PP 填充颗粒、填充棉、胶水···各适量
[梁龙的其他材料] 和麻纳卡眼睛配件 4.5mm / 金色（H220-104-8）···1组、PP 填充颗粒、填充棉、胶水···各适量
[针（通用）] 蕾丝针 0 号　[成品尺寸（通用）] 参照图示

A、D 头部　A = 721
　　　　　　D = 2022

※塞入填充棉，在最后一行的针脚里穿入钩织终点的线头后收紧

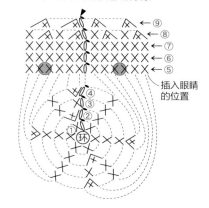

插入眼睛的位置

※A=奥古斯丁龙，D=梁龙

A、D 身体　各1个

尾侧

※钩织过程中塞入填充棉，在最后一行的针脚里穿入钩织终点的线头后收紧（A、D通用）

无须加减针钩织

（仅A）

无须加减针钩织

接着钩织●

背部

头部的针数表

行数	针数	加减针
9	4	-4
8	8	-4
5～7	12	
4	12	+4
3	8	
2	8	+2
1	6	

※仅D在后背做刺绣
● = 用2016色号的6股线做法式结（绕2圈）的位置（参照p.64）

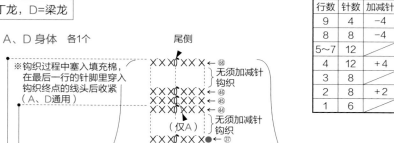
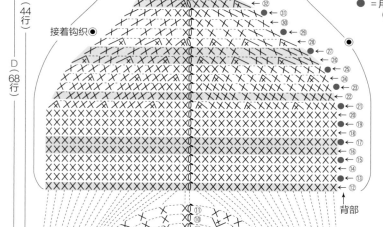

颈侧

※A、D分别按各自的配色和尾巴长度钩织（参照符号图）

身体的针数表

行数	针数	加减针
37～68	6	
36	6	-2
35	8	
34	8	-2
33	10	
32	10	-2
29～31	12	
28	12	-6
27	18	
26	18	-6
25	24	
24	24	-6
22、23	30	
21	30	-6
11～20	36	
10	36	+6
8、9	30	
7	30	+6
5、6	24	
4	24	+6
3	18	+6
2	12	+6
1	6	

※D钩织第1~68行
A钩织第1~44行

身体的配色表

	A	D
（粗线）	235	2016×2022
（细线）	721	2022

※○×○＝将2种颜色的3根分股线合成6股线钩织

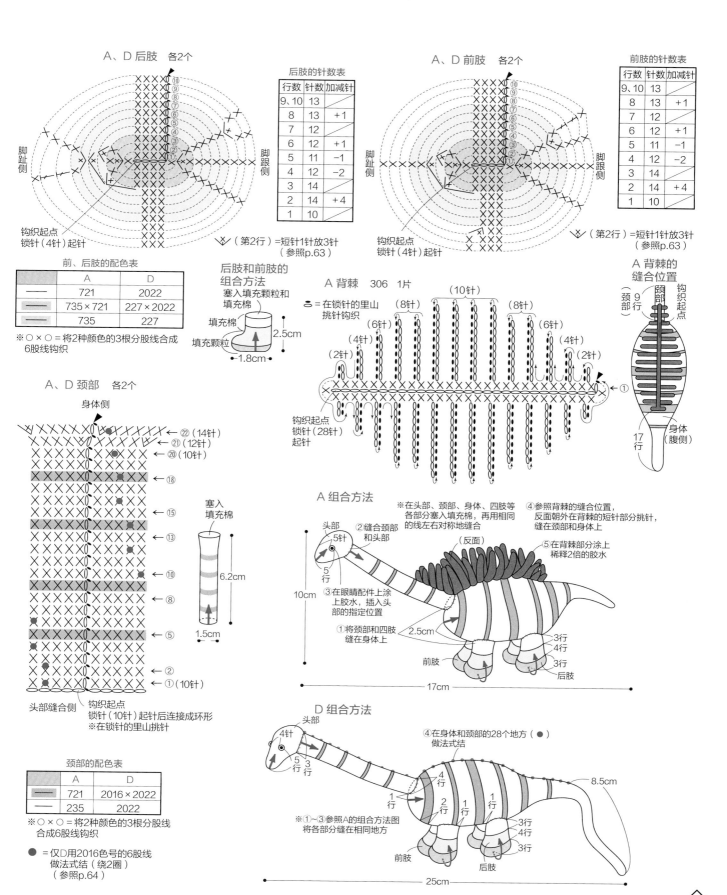

线 奥林巴斯25号刺绣线 灰色系（485）…5支，灰色系（414）…2支
其他材料 和麻纳卡眼睛配件 4.5mm／金色（H220-104-8）…1组，PP 填充颗粒、
填充棉、胶水…各适量
针 蕾丝针0号 **成品尺寸** 参照图示

身体 485 1个 ※在最后一行的针脚里穿入钩织终点的线头后收紧
※身体钩至第27行后，塞入填充棉，接着钩织尾巴（尾巴无须塞入填充棉）

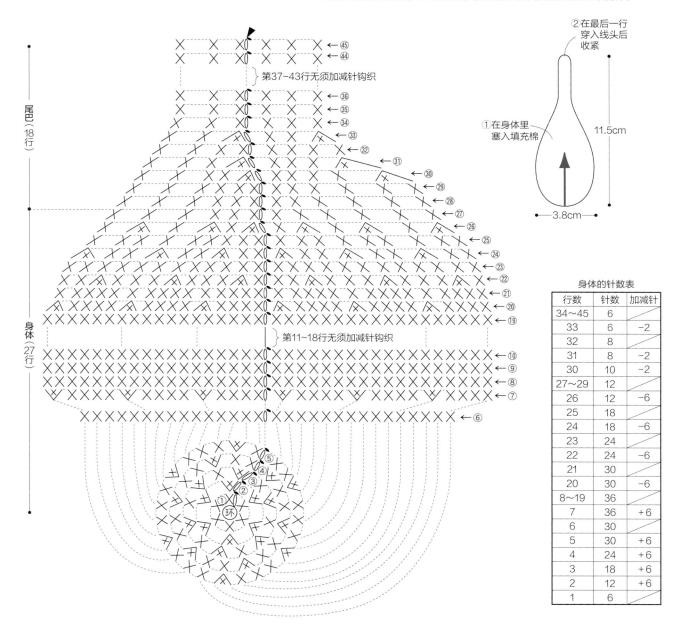

第37~43行无须加减针钩织

第11~18行无须加减针钩织

② 在最后一行
穿入线头后
收紧

① 在身体里
塞入填充棉

11.5cm

3.8cm

尾巴（18行）

身体（27行）

身体的针数表

行数	针数	加减针
34~45	6	
33	6	−2
32	8	
31	8	−2
30	10	−2
27~29	12	
26	12	−6
25	18	
24	18	−6
23	24	
22	24	−6
21	30	
20	30	−6
8~19	36	
7	36	+6
6	30	
5	30	+6
4	24	+6
3	18	+6
2	12	+6
1	6	

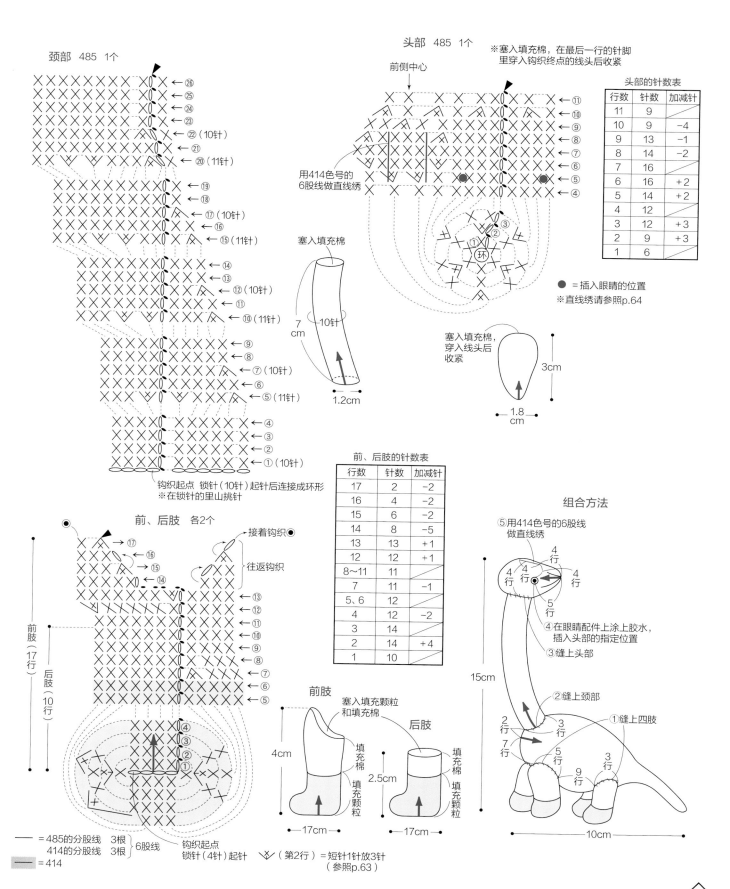

颈部 485 1个

←㉖
←㉕
←㉔
←㉓
←㉒（10针）
←㉑
←⑳（11针）

←⑲
←⑱
←⑰（10针）
⑯
←⑮（11针）

⑭
←⑬
⑫（10针）
⑪
←⑩（11针）

←⑨
←⑧
←⑦（10针）
←⑥
←⑤（11针）

←④
←③
←②
←①（10针）

钩织起点 锁针（10针）起针后连接成环形
※在锁针的里山挑针

头部 485 1个

前侧中心

用414色号的
6股线做直线绣

※塞入填充棉，在最后一行的针脚
里穿入钩织终点的线头后收紧

←⑪
←⑩
←⑨
←⑧
←⑦
←⑥
←⑤
←④

③
②
①
环

● ＝插入眼睛的位置
※直线绣请参照p.64

头部的针数表

行数	针数	加减针
11	9	
10	9	-4
9	13	-1
8	14	-2
7	16	
6	16	+2
5	14	+2
4	12	
3	12	+3
2	9	+3
1	6	

塞入填充棉

7cm 10针

1.2cm

塞入填充棉，
穿入线头后
收紧

3cm

1.8cm

前、后肢的针数表

行数	针数	加减针
17	2	-2
16	4	-2
15	6	-2
14	8	-5
13	13	+1
12	12	+1
8~11	11	
7	11	-1
5、6	12	
4	12	-2
3	14	
2	14	+4
1	10	

前、后肢 各2个

接着钩织●
往返钩织

→⑰
⑯
→⑮
←⑭
←⑬
←⑫
←⑪
←⑩
←⑨
←⑧
←⑦
←⑥
←⑤

④
③
②
①

前肢（17行）
后肢（10行）

钩织起点
锁针（4针）起针

前肢

塞入填充颗粒
和填充棉

4cm

填充棉

填充颗粒

17cm

后肢

填充棉

2.5cm

填充颗粒

17cm

组合方法

⑤用414色号的6股线
做直线绣
④在眼睛配件上涂上胶水，
插入头部的指定位置
③缝上头部
②缝上颈部
①缝上四肢

4行 4行 4行
5行

15cm

2行
7行
3行
5行
9行
3行

10cm

— ＝485的分股线 3根
— ＝414的分股线 3根 } 6股线

▨ ＝414

\/ （第2行）＝短针1针放3针
（参照p.63）

窃蛋龙 图片&重点教程…p.18 & p.29

线 奥林巴斯25号刺绣线 黄绿色系（2021）…2.5支，米色系（810）、深绿色系（2050）、蓝绿色系（2215）、土黄色系（2835）…各1支，粉红色系（155）、红色系（190）、蓝色系（366）…各0.5支，绿色系（205）、蓝绿色系（223）、土黄色系（283）…各少量

其他材料 和麻纳卡眼睛配件4.5mm／浅棕色（H220-104-20）…1组，纸包花艺铁丝#26／绿色…18cm×2根，纸包花艺铁丝#24／绿色…28cm×2根，PP填充颗粒、填充棉、胶水…各适量

针 蕾丝针0号 **成品尺寸** 参照图示（p.39）

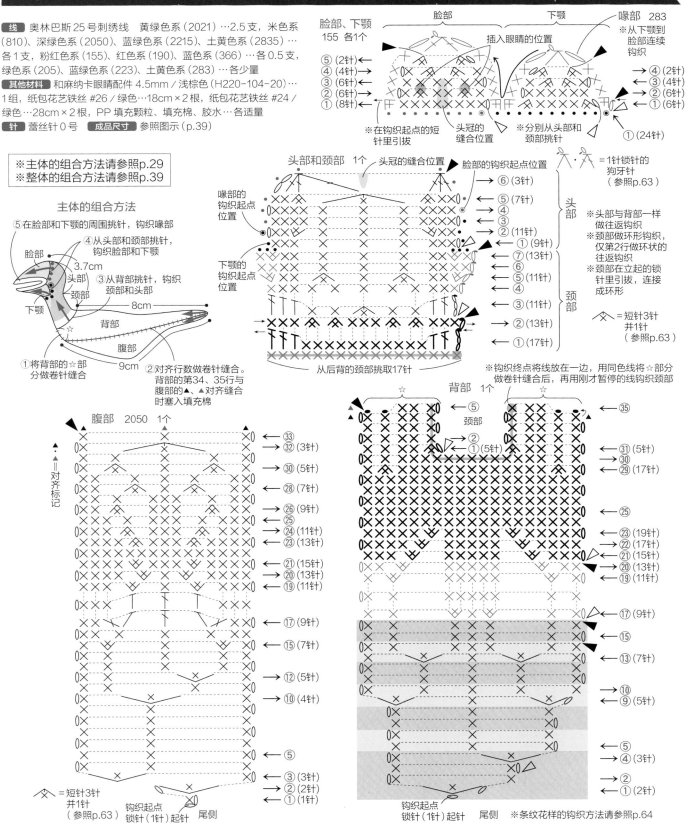

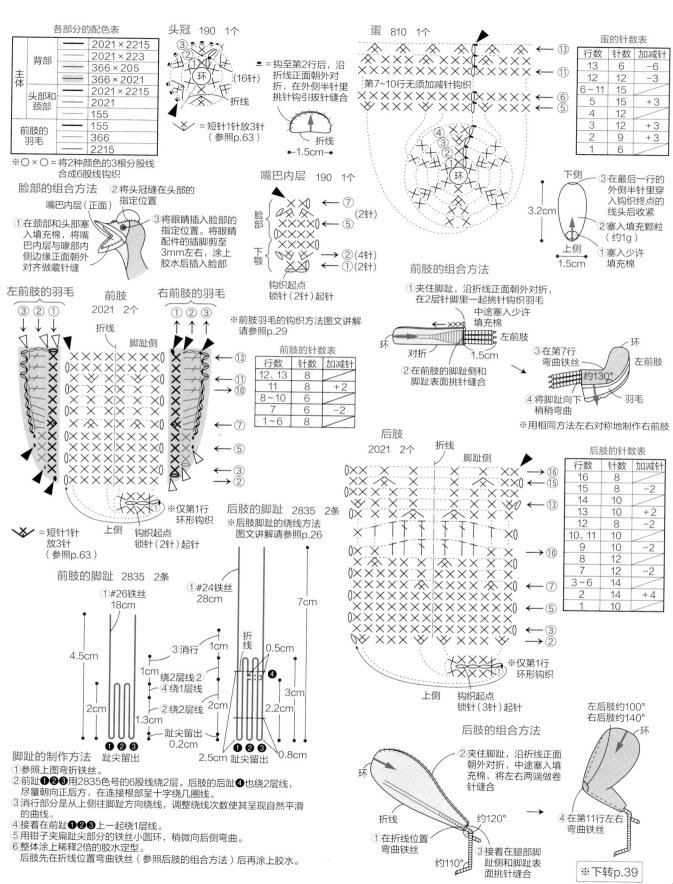

各部分的配色表

主体	背部	▬	2021×2215
		▬	2021×223
		▬	366×205
		▬	366×2021
	头部和颈部	▬	2021×2215
		▬	2021
		▬	155
前肢的羽毛		▬	155
		▬	366
		▬	2215

※○×○＝将2种颜色的3根分股线合成6股线钩织

头冠 190 1个

＝钩至第2行后，沿折线正面朝外对折，在外侧半针里挑针钩引拔针缝合

（16针）

环

折线

✕ ＝短针1针放3针（参照p.63）

折线
←1.5cm

蛋 810 1个

第7~10行无须加减针钩织

环

蛋的针数表

行数	针数	加减针
13	6	−6
12	12	−3
6~11	15	
5	15	+3
4	12	
3	12	+3
2	9	+3
1	6	

下侧
③在最后一行的外侧半针里穿入钩织终点的线头后收紧
②塞入填充颗粒（约1g）
①塞入少许填充棉
3.2cm
1.5cm
上侧

脸部的组合方法
①在颈部和头部塞入填充棉，将嘴巴内层与喙部内侧边缘正面朝外对齐做藏针缝
②将头冠缝在头部的指定位置
③将眼睛插入脸部的指定位置。将眼睛配件的插脚剪至3mm左右，涂上胶水后插入脸部

嘴巴内层 190 1个

脸部
（2针）

下颚
②（4针）
①（2针）

钩织起点
锁针（2针）起针

前肢的组合方法
①夹住脚趾，沿折线正面朝外对折，在2层针脚里一起挑针钩织羽毛中途塞入少许填充棉
②在前肢的脚趾侧和脚趾表面挑针缝合
1.5cm
对折
环

③在第7行弯曲铁丝
约130°
左前肢
羽毛
环

④将脚趾向下稍稍弯曲

※用相同方法左右对称地制作右前肢

左前肢的羽毛
③②①

前肢
2021 2个
折线
脚趾侧

右前肢的羽毛
①②③

※前肢羽毛的钩织方法图文讲解请参照p.29

前肢的针数表

行数	针数	加减针
12、13	8	
11	8	+2
8~10	6	
7	6	−2
1~6	8	

✕ ＝短针1针放3针（参照p.63）

上侧
钩织起点
锁针（2针）起针
※仅第1行环形钩织

后肢的脚趾 2835 2条
※后肢脚趾的绕线方法图文讲解请参照p.26

前肢的脚趾 2835 2条

①#26铁丝 18cm
4.5cm
2cm
1cm
②绕2层线
1.3cm
③消行
趾尖留出
0.2cm
❶❷❸
脚趾的制作方法

①#24铁丝 28cm
7cm
折线
0.5cm
③消行
1cm
②绕2层线❷
④绕1层线
2cm
❹
3cm
2.2cm
2.5cm 趾尖留出
❶❷❸
0.8cm

脚趾的制作方法
①参照上图弯折铁丝。
②前趾❶❷❸用2835色号的6股线绕2层。后肢的后趾❹也绕2层线，尽量朝向正前方，在连接根部呈十字绕几圈线。
③消行部分是从上侧往脚趾方向绕线，调整绕线次数使其呈现自然平滑的曲线。
④接着在前趾❶❷❸上一起绕1层线。
⑤用钳子夹扁趾尖部分的铁丝小圆环，稍微向后侧弯曲。
⑥整体涂上稀释2倍的胶水定型。
后肢先在折线位置弯曲铁丝（参照后肢的组合方法）后再涂上胶水。

后肢
2021 2个
折线
脚趾侧

后肢的针数表

行数	针数	加减针
16	8	
15	8	−2
14	10	
13	10	+2
12	8	−2
10、11	10	
9	10	−2
8	12	
7	12	−2
3~6	14	
2	14	+4
1	10	

上侧
钩织起点
锁针（3针）起针
※仅第1行环形钩织

后肢的组合方法
①在折线位置弯曲铁丝
②夹住脚趾，沿折线正面朝外对折，中途塞入填充棉，将左右两端做卷针缝合
③接着在腿部脚趾侧和脚趾表面挑针缝合
约120°
环
折线
约110°

左后肢约100°
右后肢约140°
环
④在第11行左右弯曲铁丝

※下转p.39

始祖鸟 图片…p.19

线 奥林巴斯25号刺绣线 灰色系（441）…4.5支，红色系（145）…1支，深红色系（194）、蓝色系（307）、奶油色系（7020）…各0.5支，黄绿色系（273）、橘黄色系（783）…各少量

其他材料 和麻纳卡眼睛配件 4.5mm／透明棕色（H220-104-17）…1组，纸包花艺铁丝 #26／绿色…15cm、22cm× 各2根，PP填充颗粒、填充棉、胶水…各适量

针 蕾丝针0号、2号（眼睛、喙部） **成品尺寸** 参照图示

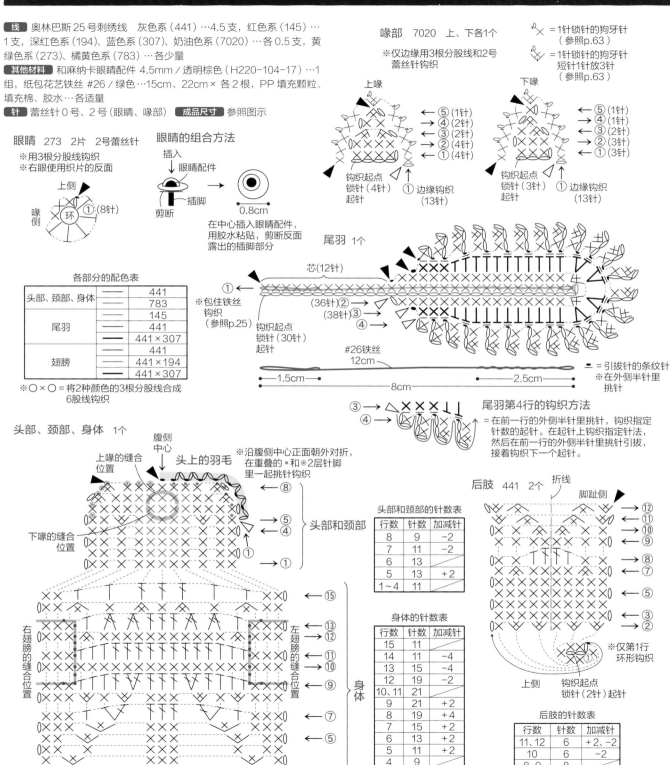

眼睛 273 2片 2号蕾丝针
※用3根分股线钩织
※右眼使用用织片的反面
喙侧 上侧 环 ①(8针)

眼睛的组合方法
插入 眼睛配件
剪断 插脚
在中心插入眼睛配件，用胶水粘贴，剪断反面露出的插脚部分。
0.8cm

喙部 7020 上、下各1个
※仅边缘用3根分股线和2号蕾丝针钩织

上喙
←⑤(1针)
→④(2针)
←③(2针)
→②(4针)
←①(4针)
钩织起点 锁针(4针)起针
① 边缘钩织(13针)

下喙
←⑤(1针)
→④(1针)
←③(2针)
→②(4针)
←①(3针)
钩织起点 锁针(3针)起针
① 边缘钩织(13针)

= 1针锁针的狗牙针（参照p.63）
= 1针锁针的狗牙针 短针1针放3针（参照p.63）

各部分的配色表

头部、颈部、身体	—	441
	—	783
尾羽		145
		441
		441×307
翅膀		441
		441×194
		441×307

※○×○ 将2种颜色的3根分股线合成6股线钩织

尾羽 1个
芯(12针)
① ※包住铁丝钩织（参照p.25）
(36针)②→
(38针)③→
④
钩织起点 锁针(30针)起针
#26铁丝 12cm
1.5cm 8cm 2.5cm
③→ ④
= 引拔针的条纹针 ※在外侧半针里挑针

尾羽第4行的钩织方法
= 在前一行的外侧半针里挑针，钩织指定针数的起针。在起针上钩织指定针法，然后在前一行的外侧半针里挑针引拔，接着钩织下一个起针。

头部、颈部、身体 1个
腹侧中心
头上的羽毛
※沿腹侧中心正面朝外对折，在重叠的●和◎2层针脚里一起挑针钩织
上喙的缝合位置
下喙的缝合位置
←⑧
→⑤④
←④
←① →①
头部和颈部
右翅膀的缝合位置
左翅膀的缝合位置
←⑮
←⑬⑫
←⑪⑩
←⑨
←⑦
←⑤
→②
←① 尾羽侧
背侧中心 钩织起点 锁针(5针)起针
身体

头部和颈部的针数表

行数	针数	加减针
8	9	-2
7	11	-2
6	13	
5	13	+2
1～4	11	

身体的针数表

行数	针数	加减针
15	11	
14	11	-4
13	15	-4
12	19	-2
10、11	21	
9	21	+2
8	19	+4
7	15	+2
6	13	+2
5	11	+2
4	9	
3	9	+2
2	7	+2
1	5	

后肢 441 2个
折线 脚趾侧
→⑫
←⑪
→⑩
←⑨
→⑧
←⑦
←⑤
→③
→② ※仅第1行环形钩织
上侧 钩织起点 锁针(2针)起针

后肢的针数表

行数	针数	加减针
11、12	6	+2、-2
10	6	-2
8、9	8	
7	8	-2
3～6	10	
2	10	+4
1	6	

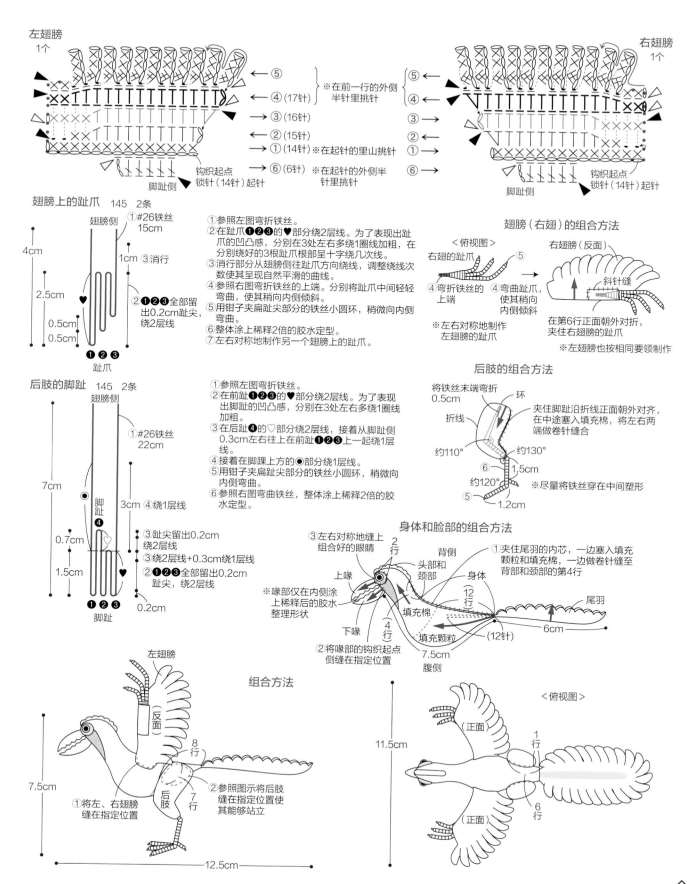

左翅膀
1个

右翅膀
1个

← ⑤
← ④ (17针)
→ ③ (16针)
← ② (15针)
→ ① (14针) ※在起针的里山挑针
⑥ (6针)

※在前一行的外侧半针里挑针

钩织起点
锁针（14针）起针

脚趾侧

→ ⑥ (6针) ※在起针的外侧半针里挑针

⑤ →
④ ←
③ →
② ←
① ←
⑥ →

钩织起点
锁针（14针）起针

脚趾侧

翅膀上的趾爪　145　2条

翅膀侧
4cm
2.5cm
0.5cm
0.5cm
①#26铁丝 15cm
1cm ③消行
②❶❷❸全部留出0.2cm趾尖，绕2层线
❶❷❸
趾爪

①参照左图弯折铁丝。
②在趾爪❶❷❸的♥部分绕2层线。为了表现出趾爪的凹凸感，分别在3处左右多绕1圈线加粗，在分别绕好的3根趾爪根部呈十字绕几次线。
③消行部分从翅膀侧往趾爪方向绕线，调整绕线次数使其呈现自然平滑的曲线。
④参照右图弯折铁丝的上端。分别将趾爪中间轻轻弯曲，使其稍向内侧倾斜。
⑤用钳子夹扁趾尖部分的铁丝小圆环，稍微向内侧弯曲。
⑥整体涂上稀释2倍的胶水定型。
⑦左右对称地制作另一个翅膀上的趾爪。

翅膀（右翅）的组合方法
<俯视图>
右翅的趾爪
⑤
④弯折铁丝的上端
※左右对称地制作左翅膀的趾爪

右翅膀（反面）
斜针缝
⑤
④弯曲趾爪，使其稍向内侧倾斜
在第6行正面朝外对折，夹住右翅膀的趾爪
※左右翅膀也按相同要领制作

后肢的脚趾　145　2条

翅膀侧
7cm
0.7cm
1.5cm
①#26铁丝 22cm
3cm ④绕1层线
④
❶❷❸
脚趾
③趾尖留出0.2cm绕2层线
③绕2层线+0.3cm绕1层线
②❶❷❸全部留出0.2cm趾尖，绕2层线
0.2cm

①参照左图弯折铁丝。
②在前趾❶❷❸的♥部分绕2层线。为了表现出脚趾的凹凸感，分别在3处左右多绕1圈线加粗。
③在后趾④的♡部分绕2层线，接着从脚趾侧0.3cm左右往上在前趾❶❷❸上一起绕1层线。
④接着在脚踝上方的◉部分绕1层线。
⑤用钳子夹扁趾尖部分的铁丝小圆环，稍微向内侧弯曲。
⑥参照右图弯曲铁丝，整体涂上稀释2倍的胶水定型。

后肢的组合方法
将铁丝末端弯折0.5cm
折线
环
约110°
⑥
约120°
⑤
1.2cm
约130°
1.5cm
夹住脚趾沿折线正面朝外对齐，在中途塞入填充棉，将左右两端做卷针缝合
※尽量将铁丝穿在中间塑形

身体和脸部的组合方法
③左右对称地缝上组合好的眼睛
2行
背侧
头部和颈部
身体
①夹住尾羽的内芯，一边塞入填充颗粒和填充棉，一边做卷针缝至背侧和颈部的第4行
⑫行
尾羽
6cm
※喙部仅在内侧涂上稀释后的胶水整理形状
上喙
下喙
④行
填充棉
填充颗粒
（12针）
7.5cm
腹侧
②将喙部的钩织起点侧缝在指定位置

组合方法
左翅膀
反面
8行
7.5cm
①将左、右翅膀缝在指定位置
后肢
7行
②参照图示将后肢缝在指定位置使其能够站立
12.5cm

<俯视图>
正面
1行
11.5cm
6行
正面

线 奥林巴斯25号刺绣线（通用）
a 茶色系（737）…1.5支，茶色系（786）、米色系（723）…各1支，红紫色系（121）、黄绿色系（290）、姜黄色系（583）、米色系（731）…各少量
b 茶色系（285）…1.5支，深绿色系（287）…1支，米色系（723）…0.5支，红紫色系（121）、蓝绿色系（219）、姜黄色系（583）、米色系（731）…各少量
a 的其他材料 和麻纳卡眼睛配件 4.5mm / 金色（H220-104-8）…1组，纸包花艺铁丝 #26 / 绿色…36cm×4根，填充棉、胶水…各适量
b 的其他材料 和麻纳卡眼睛配件 4.5mm / 透明蓝色（H220-104-18）…1组，纸包花艺铁丝 #26 / 绿色…36cm×4根，填充棉、胶水…各适量
针（通用） 钩针2/0号，蕾丝针2号（四肢、尾巴末端）　**成品尺寸（通用）** 参照图示

※前肢、后肢的钩织方法和整体的组合方法请参照p.39

各部分的配色表

		a	b
头部/颚部	——	290	219
	——	583	583
主体		737×786	285×287
	——	737×786	285×287
身体	——	723	285×287
	▬	737×723	285
	——	723	285
	——	290	583
翅膀	▬	737×786	285
	——	737×723	285×723
	——	723	723
前、后肢	——	737	285

※○×○＝将2种颜色的3根分股线合成6股线钩织

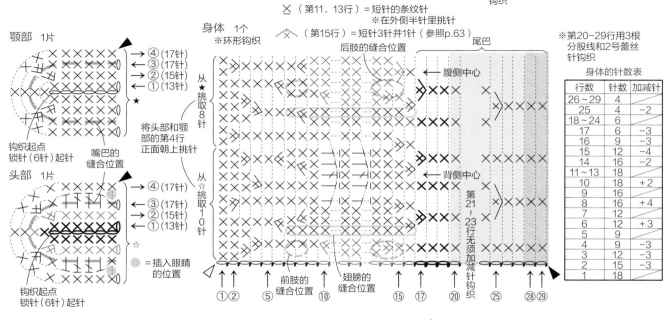

※第11、13行）＝短针的条纹针
※在外侧半针里挑针
※（第15行）＝短针3针并1针（参照p.63）

颚部 1片
→④（17针）
←③（17针）
→②（15针）
←①（13针）
★
钩织起点 锁针（6针）起针
嘴巴的缝合位置

头部 1片
→④（17针）
←③（17针）
→②（15针）
←①（13针）
☆
钩织起点 锁针（6针）起针
●＝插入眼睛的位置

身体 1个
※环形钩织
后肢的缝合位置
将头部和颚部的第4行正面朝上挑取
从★挑取8针
从☆挑取10针

尾巴
←腹侧中心
←背侧中心
第21~23行无须加减针钩织

①② ⑤ ⑩ ⑮ ⑰ ⑳ ㉕ ㉘㉙
前肢的缝合位置　翅膀的缝合位置

※第20~29行用3根分股线和2号蕾丝针钩织

身体的针数表

行数	针数	加减针
26~29	4	
25	4	−2
18~24	6	
17	6	−3
16	9	−3
15	12	−4
14	16	−2
11~13	18	
10	18	+2
9	16	
8	16	+4
7	12	
6	12	+3
5	9	
4	9	−3
3	12	−3
2	15	−3
1	18	

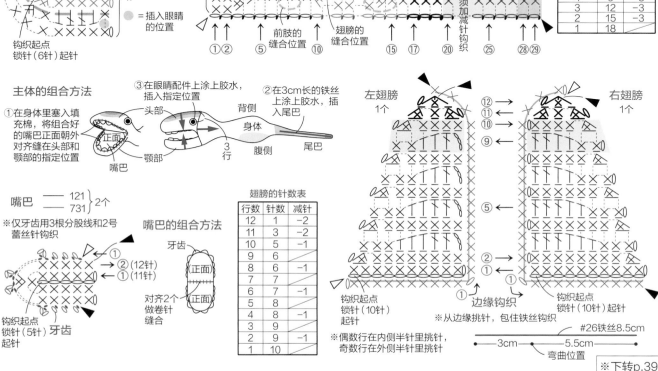

主体的组合方法
①在身体里塞入填充棉，将组合好的嘴巴正面朝外对齐缝在头部和颚部的指定位置
②在3cm长的铁丝上涂上胶水，插入尾巴
③在眼睛配件上涂上胶水，插入指定位置
头部　背侧　身体
正面　嘴巴　颚部　3行　腹侧　尾巴

嘴巴 —121 —731　2个
※仅牙齿用3根分股线和2号蕾丝针钩织

嘴巴的组合方法
→①
→②（12针）
←①（11针）
钩织起点 锁针（5针）起针
牙齿
牙齿　对齐2个做卷针缝合　对齐2个正面

左翅膀 1个
⑫→
⑪→
⑩→
⑨

右翅膀 1个
⑫→
⑪→
⑩→

⑤
②→
①→
①
边缘钩织
钩织起点 锁针（10针）起针
※从边缘挑针，包住铁丝钩织

钩织起点 锁针（10针）起针

翅膀的针数表

行数	针数	减针
12	1	−2
11	3	−2
10	5	−1
9	6	
8	6	−1
7	7	
6	7	−1
5	8	
4	8	−1
3	9	
2	9	−1
1	10	

※偶数行在内侧半针里挑针，奇数行在外侧半针里挑针

#26铁丝8.5cm
—3cm— —5.5cm—
弯曲位置

※下转p.39

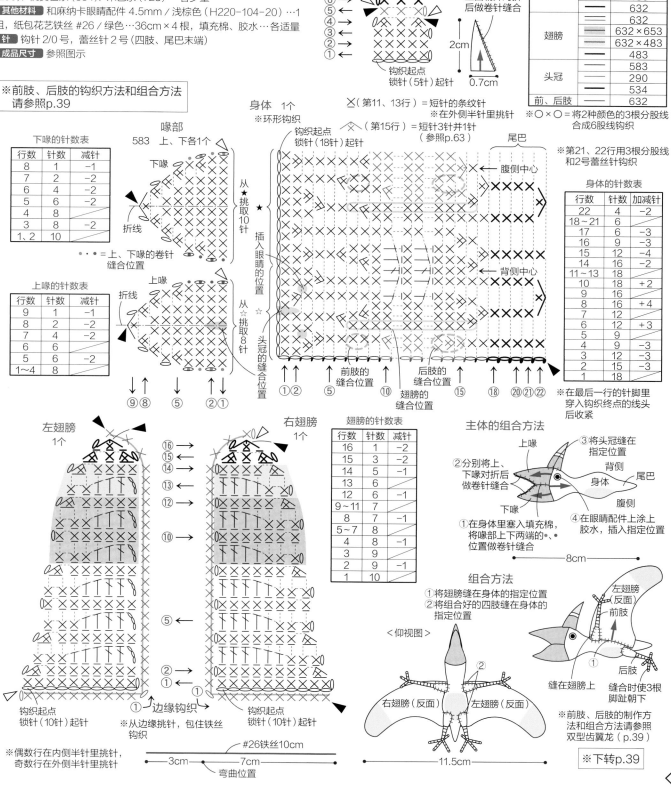

【线】奥林巴斯25号刺绣线 浅紫色系(632)···1.5支，浅紫色系(653)···1支，灰色系(483)、姜黄色系(583)···各0.5支，黄绿色系(290)、橘黄色系(534)、米色系(723)···各少量

【其他材料】和麻纳卡眼睛配件 4.5mm／浅棕色(H220-104-20)···1组，纸包花艺铁丝 #26／绿色···36cm×4根，填充棉、胶水···各适量

【针】钩针2/0号，蕾丝针2号(四肢、尾巴末端)

【成品尺寸】参照图示

※前肢、后肢的钩织方法和组合方法请参照p.39

头冠 1个

⑦←
⑥→
⑤←
④→
③→
②→
①←

钩织起点
锁针(5针)起针

正面朝外对折后做卷针缝合

2cm
0.7cm

各部分的配色表

		632×653
身体		483
		632
		632
翅膀		632×653
		632×483
		483
头冠		583
		290
		534
前、后肢		632

※○×○＝将2种颜色的3根分股线合成6股线钩织

身体 1个
※环形钩织

钩织起点
锁针(18针)起针

腹侧中心
背侧中心

尾巴

×(第11、13行)＝短针的条纹针
※在外侧半针里挑针

×(第15行)＝短针3针并1针
(参照p.63)

※第21、22行用3根分股线和2号蕾丝针钩织

身体的针数表

行数	针数	加减针
22	4	−2
18~21	6	
17	6	−3
16	9	−3
15	12	−4
14	16	−2
11~13	18	
10	18	+2
9	16	
8	16	+4
7	12	
6	12	+3
5	9	
4	9	−3
3	12	−3
2	15	−3
1	18	

※在最后一行的针脚里穿入钩织终点的线头后收紧

喙部
583 上、下各1个

下喙
从★挑取10针
折线

下喙的针数表

行数	针数	减针
8	1	−1
7	2	−2
6	4	−2
5	6	−2
4	8	
3	8	−2
1、2	10	

• • • ＝上、下喙的卷针缝合位置

上喙的针数表

行数	针数	减针
9	1	−1
8	2	−2
7	4	−2
6	6	
5	6	−2
1~4	8	

上喙
折线
从☆挑取8针

⑨⑧ ⑤ ②①

插入眼睛的位置
头冠的缝合位置

①②
⑤
前肢的缝合位置
⑩
后肢的缝合位置
翅膀的缝合位置
⑮
⑱
⑳㉑㉒

左翅膀 1个

右翅膀 1个

⑯→
⑮←
⑭→
⑬←
⑫
⑩→
⑤←
②→
①→
①

钩织起点
锁针(10针)起针

边缘钩织
※从边缘挑取，包住铁丝钩织

钩织起点
锁针(10针)起针

翅膀的针数表

行数	针数	减针
16	1	−2
15	3	−2
14	5	−1
13	6	
12	6	−1
9~11	7	
8	7	−1
5~7	8	
4	8	−1
3	9	
2	9	−1
1	10	

主体的组合方法

③将头冠缝在指定位置
上喙
背侧
尾巴
②分别将上、下喙对折后做卷针缝合
身体
腹侧
下喙
①在身体里塞入填充棉，将喙部上下两端的• • •位置做卷针缝合
④在眼睛配件上涂上胶水，插入指定位置

8cm

组合方法

①将翅膀缝在身体的指定位置
②将组合好的四肢缝在身体的指定位置

〈仰视图〉

右翅膀(反面)
左翅膀(反面)

左翅膀(反面)
前肢
后肢
缝在翅膀上
缝合时使3根脚趾朝下

①

※前肢、后肢的制作方法和组合方法请参照双型齿翼龙(p.39)

11.5cm

※偶数行在内侧半针里挑针，奇数行在外侧半针里挑针

#26铁丝10cm
3cm — 7cm
弯曲位置

※下转p.39

蛇颈龙 图片…p.22

线 奥林巴斯 25 号刺绣线　茶色系（451）、茶色系（453）…各 2.5 支，米色系（810）…2 支，白色系（801）…少量

其他材料 和麻纳卡眼睛配件 4.5mm / 透明蓝色（H220-104-18）…1 组，PP 填充颗粒、填充棉、胶水…各适量

针 蕾丝针 0 号　**成品尺寸** 参照图示

各部分的配色表

主体、前鳍、后鳍	—	453×451
	—	810
眼睛上的突起	—	453

※○×○＝将2种颜色的3根分股线合成6股线钩织

眼睛上的突起

从主体的•、◎上挑针

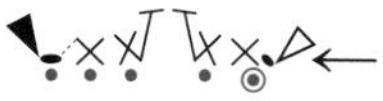

①

•、◎ ＝眼睛突起的挑针位置

◎ ＝挑针起点

● ＝插入眼睛的位置

＝前鳍的缝合位置

＝后鳍的缝合位置

（第36行）＝短针3针并1针（参照p.63）

主体 1个

※钩织过程中塞入填充棉

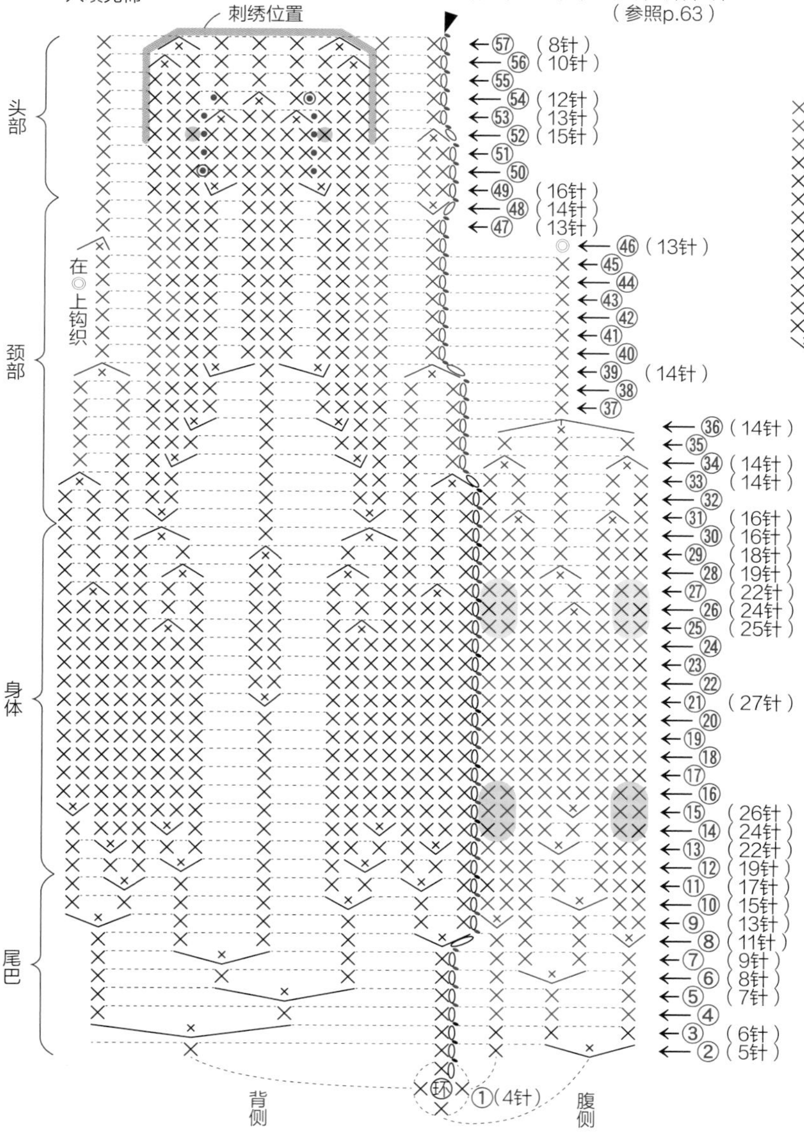

刺绣位置
头部
颈部
身体
尾巴
在◎上钩织
(57)（8针）
(56)（10针）
(55)
(54)（12针）
(53)（13针）
(52)（15针）
(51)
(50)
㊾（16针）
㊽（14针）
㊼（13针）
㊻（13针）
㊺
㊹
㊸
㊷
㊶
㊵
㊴（14针）
㊳
㊲
㊱（14针）
㉟
㉞（14针）
㉝（14针）
㉜
㉛（16针）
㉚（16针）
㉙（18针）
㉘（19针）
㉗（22针）
㉖（24针）
㉕（25针）
㉔
㉓
㉒
㉑（27针）
⑳
⑲
⑱
⑰
⑯
⑮（26针）
⑭（24针）
⑬（22针）
⑫（19针）
⑪（17针）
⑩（15针）
⑨（13针）
⑧（11针）
⑦（9针）
⑥（8针）
⑤（7针）
④
③（6针）
②（5针）
环
①（4针）
背侧
腹侧

前鳍 2个

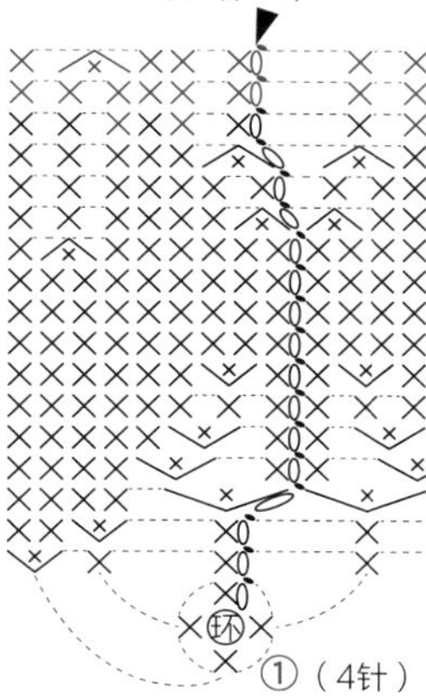

⑱（8针）
⑰
⑯
⑮（9针）
⑭
⑬（11针）
⑫（13针）
⑪
⑩
⑨
⑧（14针）
⑦
⑥（12针）
⑤（10针）
④（8针）
③（6针）
②（5针）
环
①（4针）

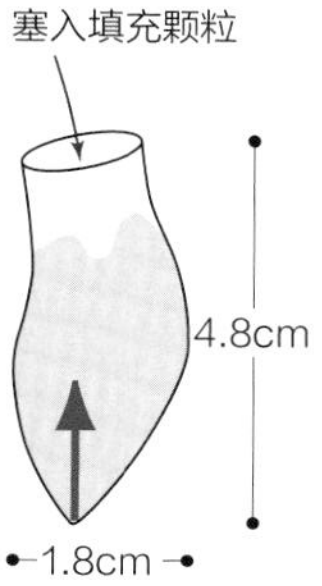

塞入填充颗粒
4.8cm
1.8cm

后鳍 2个

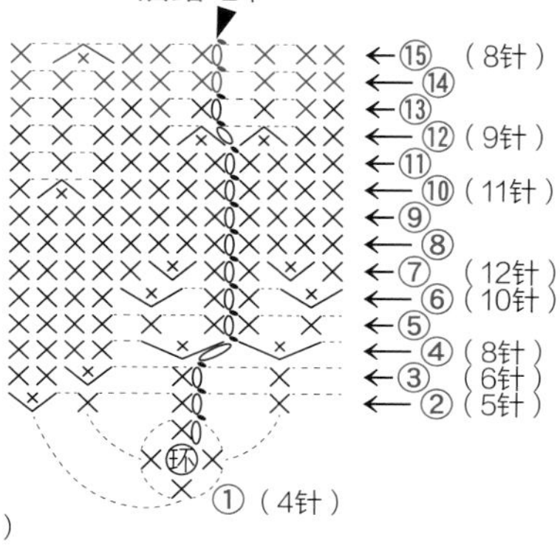

⑮（8针）
⑭
⑬
⑫（9针）
⑪
⑩（11针）
⑨
⑧
⑦（12针）
⑥（10针）
⑤
④（8针）
③（6针）
②（5针）
环
①（4针）

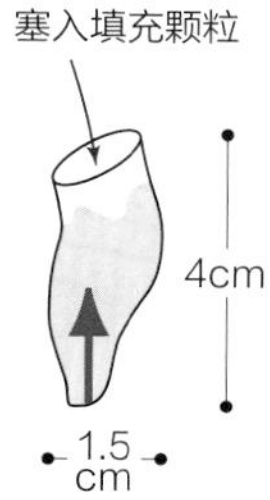

塞入填充颗粒
4cm
1.5
cm

组合方法

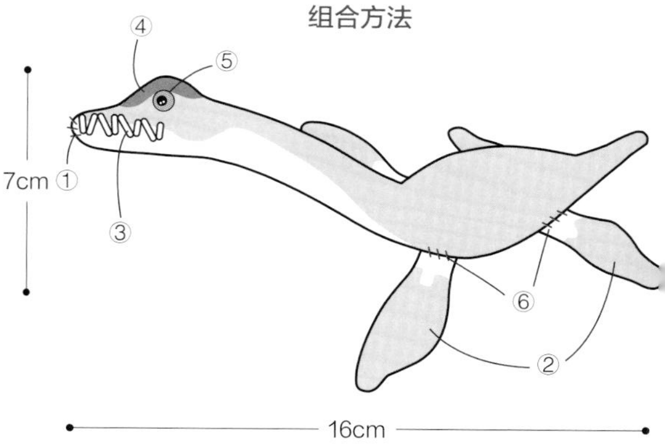

④
⑤
7cm
①
③
⑥
②
16cm

组合顺序

① 主体在钩织过程中塞入填充棉，钩织终点用810色号的线做卷针缝合。

② 钩织前鳍和后鳍，塞入填充颗粒。

③ 在主体的刺绣位置（配色交界处）用801色号的6股线做锯齿状的直线绣（参照p.64）。

④ 在眼睛上方挑针钩织突起。

⑤ 在眼睛配件上涂上胶水，插入指定位置。

⑥ 将组合好的鳍状肢缝在主体的指定位置。

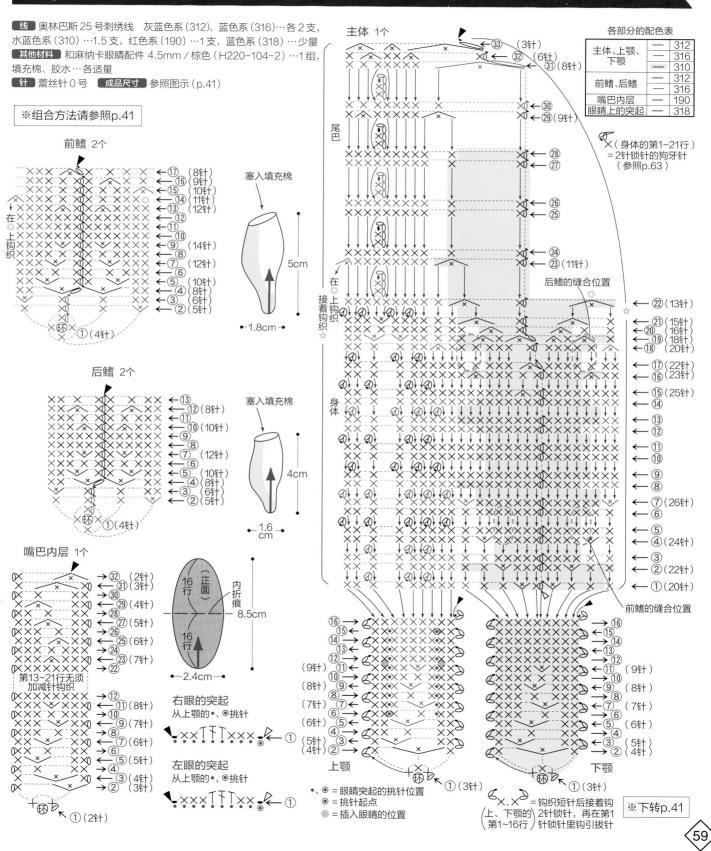

沧龙 图片…p.23

线 奥林巴斯25号刺绣线 灰蓝色系(312)、蓝色系(316)…各2支，水蓝色系(310)…1.5支，红色系(190)…1支，蓝色系(318)…少量

其他材料 和麻纳卡眼睛配件4.5mm／棕色(H220-104-2)…1组，填充棉、胶水…各适量

针 蕾丝针0号 **成品尺寸** 参照图示(p.41)

※组合方法请参照p.41

各部分的配色表

	主体、上颚、下颚	312
		316
		310
	前鳍、后鳍	312
		316
	嘴巴内层	190
	眼睛上的突起	318

×(身体的第1~21行)
=2针锁针的狗牙针
(参照p.63)

主体 1个

前鳍 2个
后鳍 2个
嘴巴内层 1个

塞入填充棉 5cm ←1.8cm
塞入填充棉 4cm 1.6cm

右眼的突起 从上颚的•、◎挑针

左眼的突起 从上颚的•、◎挑针

上颚
下颚
身体
尾巴

•、◎＝眼睛突起的挑针位置
◎＝挑针起点
●＝插入眼睛的位置

×、×、＝钩织短针后接着钩
(上、下颚的 2针锁针，再在第1
第1~16行) 针锁针里钩引拔针

※下转p.41

59

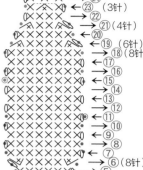

a	b

福井盗龙 图片&重点教程…p.7 & p.28

嘴巴内层 1个
•‥◉ = 上排牙齿的挑针位置
•‥◉ = 下排牙齿的挑针位置
◉‥◉ = 挑针起点

线 奥林巴斯25号刺绣线（通用）
a 灰色系（412）…7支，沙米色系（430）…2支，灰色系（414）…1支，粉红色系（144）、原白色系（850）…各0.5支
b 绿色系（2023）…7支，黄绿色系（2020）…2支，灰色系（414）…1支，粉红色系（144）、原白色系（850）…各0.5支
a 的其他材料 和麻纳卡眼睛配件4.5mm／透明蓝色（H220-104-18）…1组，纸包花艺铁丝#26／绿色…36cm×2根，填充棉、胶水…各适量
b 的其他材料 和麻纳卡眼睛配件4.5mm／金色（H220-104-8）…1组，纸包花艺铁丝#26／绿色…10cm×4根，填充棉、胶水…各适量
针（通用）蕾丝针0号　成品尺寸（通用）参照图示（p.31）

※主体的组合方法请参照p.28
※整体的组合方法请参照p.31

背部 2个　针
眼睛
上颚

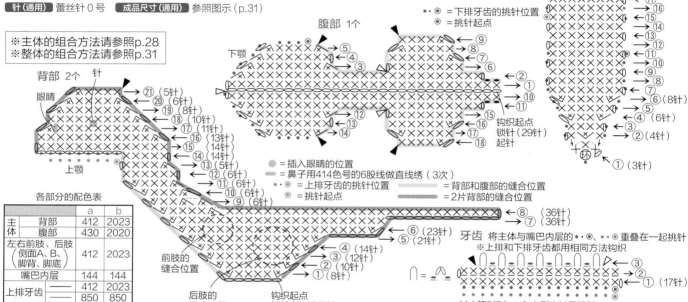

腹部 1个
下颚
钩织起点　锁针（29针）起针

●=插入眼睛的位置
━=鼻子用414色号的6股线做直线绣（3次）
•‥◉=上排牙齿的挑针位置
◉=挑针起点
●‥◉=下排牙齿的挑针位置
◉=挑针起点
━=背部和腹部的缝合位置
━=2片背部的缝合位置

前肢的缝合位置
后肢的缝合位置
钩织起点　锁针（6针）起针

牙齿 将主体与嘴巴内层的•‥◉、•‥◉重叠在一起挑针
※上排和下排牙齿都用相同方法钩织
⋒= ⌒
✕（第2行）=在内侧半针里挑针
━（第3行）=在外侧半针里挑针

各部分的配色表

		a	b
主体	背部	412	2023
	腹部	430	2020
	左右前肢、后肢（侧面A、B）、脚背、脚底	412	2023
	嘴巴内层	144	144
上排牙齿		——	412 2023
		——	850 850
下排牙齿		——	430 2020
		——	850 850

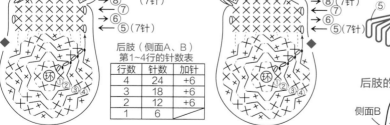

后肢（侧面A）2个
后肢（侧面B）2个

后肢（侧面A、B）第1~4行的针数表

行数	针数	加针
4	24	+6
3	18	+6
2	12	+6
1	6	

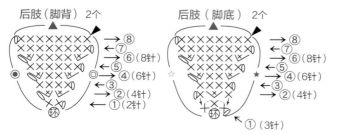

后肢（脚背）2个
后肢（脚底）2个

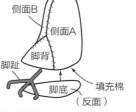

① #26铁丝 10cm
③♥ 1cm
④♡ 2cm

0.5cm
0.5cm
脚趾

脚趾的制作方法 4条
① 参照左图弯折铁丝。
② 用钳子夹扁趾尖部分的铁丝小圆环。
③ 铁丝的脚趾❶❷❸用414色号的6股线分别在♥部分绕线。
④ 步骤③全部绕线完成后，接着在♡部分绕线1cm左右，将线固定。
⑤ 整体涂上稀释2倍左右的胶水定型。
⑥ 晾干后，将趾尖弯曲0.5cm，剪断♡部分多余的铁丝。

后肢的组合方法
侧面B
侧面A
脚背
脚趾
脚底
填充棉（反面）

① 将侧面A、侧面B、脚背正面朝外对齐标记做卷针缝合。
② 在①里塞入填充棉，夹住脚趾，避开脚趾与脚底织片做卷针缝合。

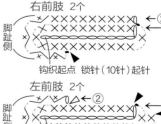

右前肢 2个
脚趾侧
钩织起点　锁针（10针）起针

左前肢 2个
脚趾侧
钩织起点　锁针（10针）起针

前肢的组合方法
① 分别对齐左、右前肢的2个织片，除脚趾侧以外做卷针缝合。
② 在①里塞入填充棉，夹住脚趾，避开脚趾侧将脚趾侧做卷针缝合。

※下转p.31

钩针编织基础

如何看懂符号图

本书中的符号图均表示从织物正面看到的状态，根据日本工业标准（JIS）制定。
钩针编织没有正针和反针的区别（内钩针和外钩针除外），
交替看着正、反面进行往返钩织时也用相同的针法符号表示。

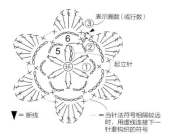

表示圈数（或行数）
起立针
环
= 断线
= 当针法符号相隔较远时，用虚线连接下一针要钩织的符号

从中心向外环形钩织时

在中心环形起针（或钩织锁针连接成环状），然后一圈圈地向外钩织。每圈的起始处都要先钩织起立针（立起的锁针）。通常情况下，都是看着织物的正面按符号图逆时针钩织。

▲=断线　▽=接线

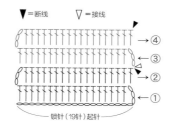

锁针（19针）起针

往返钩织时

特点是左右两侧都有起立针。原则上，当起立针位于右侧时，看着织物的正面按符号图从右往左钩织；当起立针位于左侧时，看着织物的反面按符号图从左往右钩织。左图表示在第3行换成配色线钩织。

带线和持针的方法

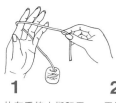

1 从左手的小指和无名指之间将线向前拉出，然后挂在食指上，将线头拉至手掌前。

2 用拇指和中指捏住线头，竖起食指使线绷紧。

3 用右手的拇指和食指捏住钩针，用中指轻轻抵住针头。

起始针的钩织方法

1 将钩针抵在线的后侧，如箭头所示转动针头。

2 再在针头挂线。

3 从线环中将线向前拉出。

4 拉动线头收紧针脚，起始针就完成了（此针不计为1针）。

起针

环

从中心向外环形钩织时
（用线头制作线环）

1 在左手食指上绕2圈线，制作线环。

2 从手指上取下线环重新捏住，在线环中插入钩针，如箭头所示挂线后向前拉出。

拉出后的线圈

3 针头再次挂线拉出，钩织立起的锁针。

4 第1圈在线环中插入钩针，钩织所需针数的短针。

5 暂时取下钩针，拉动最初制作线环的线（1）和线头（2），收紧线环。

6 第1圈结束时，在第1针短针的头部插入钩针，挂线引拔。

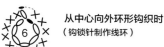

6

从中心向外环形钩织时
（钩锁针制作线环）

1 钩织所需针数的锁针，在第1针锁针的半针里插入钩针引拔。

2 针头挂线后拉出，此针就是立起的锁针。

3 第1圈在线环中插入钩针，成束挑起锁针钩织所需针数的短针。

4 第1圈结束时，在第1针短针的头部插入钩针，挂线引拔。

往返钩织时

1 钩织所需针数的锁针和立起的锁针。在边上第2针锁针里插入钩针，挂线后拉出。

立起的1针锁针

2 针头挂线，如箭头所示将线拉出。

3 第1行完成后的状态（立起的1针锁针不计为1针）。

锁针的识别方法

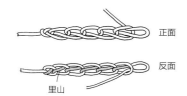

正面

反面

里山

锁针有正、反面之分。反面中间突出的1根线叫作锁针的"里山"。

在前一行挑针的方法

在1个针脚里钩织

1

2

成束挑起锁针钩织

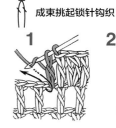
1

2

同样是枣形针,符号不同,挑针的方法也不同。符号下方是闭合状态时,在前一行的1个针脚里钩织;符号下方是打开状态时,成束挑起前一行的锁针钩织。

针法符号

◯ 锁针

1
钩起始针,接着在针头挂线。

2
将挂线拉出,1针锁针就完成了。

3
按相同要领,重复步骤**1**和**2**的"挂线,拉出",继续钩织。

5针
4
5针锁针完成。

✕ 短针

1
在前一行的针脚中插入钩针。

2
针头挂线后向前拉出(拉出后的状态叫作"**未完成的短针**")。

3
针头再次挂线,一次性引拔穿过2个线圈。

4
1针短针完成。

┬ 长针

1
针头挂线,在前一行的针脚中插入钩针。再次挂线后向前拉出。

2
如箭头所示,针头挂线后引拔穿过2个线圈(拉出后的状态叫作"**未完成的长针**")。

3
针头再次挂线,引拔穿过剩下的2个线圈。

4
1针长针完成。

● 引拔针

1
在前一行的针脚中插入钩针。

2
在针头挂线。

3
将线一次性拉出。

4
1针引拔针完成。

┬ 中长针

1
针头挂线,在前一行的针脚中插入钩针。

2
针头再次挂线,向前拉出(拉出后的状态叫作"**未完成的中长针**")。

3
针头再次挂线,一次性引拔穿过3个线圈。

4
1针中长针完成

┿ 长长针

1
在针头绕2圈线,在前一行的针脚中插入钩针,再次挂线后向前拉出。

2
如箭头所示,针头挂线后引拔穿过2个线圈。

3
再重复2次相同操作。

4
1针长长针完成。

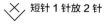 **短针1针放2针** **短针1针放3针**

1 钩1针短针。

2 在同一个针脚中插入钩针拉出线圈，钩织短针。

3 在1针里钩入2针短针后的状态。短针1针放2针完成。

4 如果在同一个针脚中再钩1针短针，短针1针放3针完成。

 短针2针并1针 **短针3针并1针**

 ※（）内是3针并1针时的数字

1 如箭头所示在前一行的针脚中插入钩针，拉出线圈。

2 按相同要领从下一个针脚中拉出线圈。（3针并1针时，再从下一个针脚中拉出线圈）。

3 针头挂线，如箭头所示一次性引拔穿过3（4）个线圈。

4 短针2（3）针并1针完成。比前一行少了1（2）针。

长针1针放2针 ※2针以上或者长针以外的情况，也按相同要领在前一行的1个针脚中钩织指定针数的指定针法。

1 钩1针长针。接着针头挂线，在同一个针脚中插入钩针，挂线后拉出。

2 针头挂线，引拔穿过2个线圈。

3 针头再次挂线，引拔穿过剩下的2个线圈。

4 在1针里钩入2针长针后的状态。比前一行多了1针。

长针2针并1针 ※2针以上或者长针以外的情况，也按相同要领钩织指定针数的未完成的指定针法，然后在针头挂线，一次性引拔穿过针上的所有线圈。

1 在前一行的1个针脚中钩1针未完成的长针（参照p.62）。接着在针头挂线，如箭头所示在下一个针脚中插入钩针，挂线后拉出。

2 针头挂线，引拔穿过2个线圈，钩第2针未完成的长针。

3 针头挂线，如箭头所示一次性引拔穿过3个线圈。

4 长针2针并1针完成。比前一行少了1针。

短针的条纹针 ※短针以外的条纹针也按相同要领，在前一圈的外侧半针里挑针钩织指定针法。

1 每圈看着正面钩织。钩织1圈短针后，在第1针里引拔。

2 钩1针立起的锁针，接着在前一圈的外侧半针里挑针钩织短针。

3 按与步骤2相同要领继续钩织短针。

4 前一圈的内侧半针呈现条纹状。图中为钩织第3圈短针的条纹针的状态。

短针的棱针 ※短针以外的棱针也按相同要领，在前一行的外侧半针里挑针钩织指定针法。

1 如箭头所示，在前一行的外侧半针里插入钩针。

2 钩织短针。下一针也按相同要领在外侧半针里插入钩针。

3 钩至行末，翻转织物。

4 按与步骤1、2相同要领，在外侧半针里插入钩针钩织短针。

3针锁针的狗牙针 ※3针或者短针以外的情况也一样，在步骤1钩织指定针法后再按指定针数的锁针，然后按相同要领引拔

1 钩3针锁针。

2 在短针头部的半针和根部的1根线里插入钩针。

3 针头挂线，如箭头所示一次性引拔。

4 3针锁针的狗牙针完成。

3针长针的枣形针 ※3针或者长针以外的情况，也按相同要领在前一行的1个针脚里钩织指定针数的未完成的指定针法，再如步骤3所示，一次性引拔穿过针上的所有线圈。

1 在前一行的针脚中钩1针未完成的长针。

2 在同一个针脚中插入钩针，接着钩2针未完成的长针。

3 针头挂线，一次性引拔穿过针上的4个线圈。

4 3针长针的枣形针完成。

条纹花样的钩织方法
（环形钩织时，在一圈的最后换线）

1
在钩织一圈最后的短针时，将暂停钩织的线（a色）从前往后挂在针上，用下一圈要钩织的线（b色）引拔。

2
引拔后的状态。将a色线放在织物的后面暂停钩织，在第1针短针的头部插入钩针，用b色线引拔连接成环状。

3
连接成环状后的状态。

4
接着钩1针立起的锁针，继续钩织短针。

卷针缝

挑取半针做卷针缝合的方法

1
将织片正面朝上对齐，在针脚头部的2根线里挑针拉线。在缝合起点和终点的针脚里各挑2次针。

2
逐针交替挑针缝合。

3
缝合至末端的状态。

将织片正面朝上对齐，在外侧半针（针脚头部的1根线）里挑针拉线。在缝合起点和终点的针脚里各挑2次针。

刺绣针法

直线绣　飞鸟绣
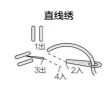
菊叶绣

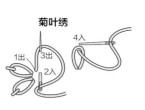
法式结
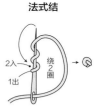
缎绣
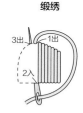

日文原版图书工作人员

图书设计	原辉美　大野郁美（mill inc.）
摄影	原田拳（作品）　本间伸彦（步骤详解、线材样品）
造型	绘内友美
作品设计	池上舞　冈真理子　冈本启子
	小野优子（ucono）
	镰田惠美子　河合真弓
钩织方法解说	堤俊子　西田千寻　三岛惠子　森美智子　矢野康子
制图	小池百合穗　西田千寻　三岛惠子　森美智子　矢野康子
步骤协助	河合真弓

原文书名：かぎ針編み　刺しゅう糸で編むミニチュア恐竜図鑑
原作者名：E&G CREATED
Copyright © eandgcreates 2021
Original Japanese edition published by E&G CREATES.CO.,LTD.
Chinese simplified character translation rights arranged with E&G CREATES.CO.,LTD.
Through Shinwon Agency Beijing Office.
Chinese simplified character translation rights © 2023 by China Textile & Apparel Press

著作权合同登记号：图字：01-2023-4247

图书在版编目（CIP）数据

钩针编织恐龙世界／日本E&G创意编著；蒋幼幼译
. -- 北京：中国纺织出版社有限公司，2023.10
（尚锦手工刺绣线钩编系列）
ISBN 978-7-5229-0803-8

Ⅰ.①钩… Ⅱ.①日… ②蒋… Ⅲ.①钩针－编织－图解 Ⅳ.①TS935.521-64

中国国家版本馆CIP数据核字（2023）第146358号

责任编辑：刘茸	特约编辑：张瑶
责任校对：王惠莹	责任印制：王艳丽

中国纺织出版社有限公司出版发行
地址：北京市朝阳区百子湾东里A407号楼　邮政编码：100124
销售电话：010—67004422　传真：010—87155801
http://www.c-textilep.com
中国纺织出版社天猫旗舰店
官方微博 http://weibo.com/2119887771
北京华联印刷有限公司印刷　各地新华书店经销
2023年10月第1版第1次印刷
开本：787×1092　1/16　印张：4
字数：167千字　定价：59.80元